20世纪西方经典服装款式细节

一本服装设计师必备的资料参考书

【美】杰弗里·迈耶　【美】巴士雅·斯库特尼卡　著　王淑华　译

东华大学出版社·上海

Vintage Details

A Fashion Sourcebook

Jeffrey Mayer&Basia Szkutnicka
Photography by Stephen Sartori

图书在版编目（CIP）数据

20世纪西方经典服装款式细节：一本服装设计师必备的资料参考书／(美) 杰弗里·迈耶, (美) 巴士雅·斯库特尼卡著；王淑华译. -- 上海：东华大学出版社,2018.5
　ISBN 978-7-5669-1376-0

　Ⅰ. ①2··· Ⅱ. ①杰··· ②巴··· ③王··· Ⅲ. ①服装设计－作品集－西方国家－20世纪
Ⅳ. ①TS941.28

中国版本图书馆CIP数据核字(2018)第047903号

本书简体中文版由 Laurence King Publishing Ltd 授予东华大学出版社有限公司独家出版，任何人或者单位不得转载、复制，违者必究！

合同登记号：09-2015-1099

责任编辑　谢　未

装帧设计　王　丽

20世纪西方经典服装款式细节
ERSHI SHIJI XIFANG JINGDIAN FUZHUANG KUANSHI XIJIE

著　者：[美] 杰弗里·迈耶　[美] 巴士雅·斯库特尼卡

译　者：王淑华

出　版：东华大学出版社

（上海市延安西路1882号　邮政编码：200051）

出版社网址：dhupress.dhu.edu.cn

天猫旗舰店：http://dhdx.tmall.com

营销中心：021-62193056　62373056　62379558

印　刷：深圳市彩之欣印刷有限公司

开　本：889 mm×1194 mm　1/16

印　张：25

字　数：880千字

版　次：2018年5月第1版

印　次：2018年5月第1次印刷

书　号：ISBN 978-7-5669-1376-0

定　价：298.00元

目录（Contents）

介绍（Introduction）

通过一些世界知名的历史服装收藏博物馆，人们常常能观赏到时装界颇有声誉的服装设计大师的作品，比如耳熟能详的查尔斯·弗雷德里克·沃斯（Charles Frederick Worth）、保罗·波烈（Paul Poiret）、加布里埃·香奈儿（Gabrielle Coco Chanel）、克里斯汀·迪奥（Christian Dior）和伊夫·圣洛朗（Yves Saint Laurent），这些大师都是全球时尚领域最有影响力的风格缔造者。但与此同时，有一些小众设计师和品牌或者家庭裁缝也曾创作了大量的创意作品，其中不乏极具开创性的优秀作品。

《20世纪西方经典服装款式细节》一书将为您打开复古时尚作品的珍藏宝库，来自于鲜为人知的服装设计师和品牌——或许这些优秀的设计作品将早已不知去向，进而最终被世人所遗忘，然而本书经过精心挑选与整理之后将为您呈现以上惊艳的设计佳作。同时，作者编纂本书的意图也在于为新生代设计师提供创意灵感。

美国雪城大学（Syracuse University，又名锡拉丘兹大学）的历史服装收藏馆（现由本书作者杰弗里·迈耶担任馆长）建立于20世纪30年代，并在20世纪80年代获得校友利昂·M·吉尼特的资助并用于后续的收藏工作。为了纪念他的第一任妻子，收藏馆现已更名为"苏·安·吉尼特服装收藏与研究中心"。苏·安·吉尼特是一位极富天赋的纺织艺术家兼雕塑家，她擅长于从色彩、纹理和纤维艺术作品中寻找灵感。大约数量为2500余件的女装与配饰藏品藏于纽约雪城大学视觉表演艺术学院分校的服装设计部，馆藏范围包含了20世纪20年代的历史服装到现当代作品。

杰弗里·迈耶和巴士雅·斯库特尼卡最初都为服装设计师，现为研究人员，他们一起合作，对苏·安·吉尼特服装收藏馆的服饰品，以及斯库特尼卡的个人收藏品进行了详尽的整理，从中挑选出的服装作品都极具风格特色。这些从未公开的复古服装信息档案可以为设计师、学生和制板师提供源源不断的直观设计灵感。

对本书中大量作品的选择，以及后续的编订，工作量十分巨大。并且，记录过程还需要极富洞察力的优秀摄影师的技术支持。而为了完全展示那些名不见经传的服装设计师的结构秘密，斯蒂芬·萨托利还不遗余力地学习研究了各种繁杂的服装知识。

杰弗里·迈耶（Jeffrey Mayer）毕业于康涅狄格大学并获得时装史专业的高级学位。1992年，杰弗里任教于纽约的雪城大学，负责裙装史的专业课程讲授，同时还与合伙人拖德·康诺弗一起创建了名为"Conover Mayer"的个人女装品牌。

"对于我个人而言，我非常痴迷于历史服装，作为过去时光的遗存——当然也是很私人的物品——很庆幸都经过了精心地保存和收藏。不同于家具或者其他装饰物件，服装是最私人化的物品：经过特殊定制或个人特意挑选的服装可以向全世界展示自身独一无二的个性特征。服装更能透露出穿着者的兴趣爱好、信仰、社会地位，并且还可以改变人的外在形象。长期研究这些历史服装让我能与那些素未谋面的设计师进行沟通交流，有时候自己甚至会产生某种错觉：通过这些作品，设计师自己在进行一系列设计问题的解答。创意和天赋就像DNA一样存在于他们的设计作品之中。"

巴士雅·斯库特尼卡（Basia Szkutnicka）毕业于伦敦中央圣马丁艺术学院（Central St Martins School of Art, London）的女装设计专业，在20世纪80年代末创建了自己的个人品牌，同时也担任自由设计顾问和全球多所时装院校的客座讲师。现主要任教于伦敦时装学院，担任留学主管和设计讲师

的职位。从14岁开始，巴士雅就对历史服装产生了浓厚的兴趣。

"因为需要出演学校编排的莎士比亚经典剧目之《威尼斯商人》中的夏洛克，我不得不自己制作剧服。在放置着琳琅满目的戏剧服装的校礼堂，我发现了三件"宝物"：一条灰绿色手工刺绣的低腰真丝裙；一根发出清脆撞击声的镶嵌钉珠黑色腰带；一截精美的黑色布料。裙装大概是20世纪20年代早期的，腰带则来自于维多利亚中期，而布料材质是别致的丝绒烂花。我小心翼翼地把它们放到书包里带回了家。当然我仍然保留着这条裙装——这是我的第一件复古服装。

从那时候起我就真正痴迷上了复古服装。20世纪70年代出现了大量聚酯纤维制成的服装，从旧货拍卖、慈善商店和跳蚤市场中我找到了很多旧服装，发现它们如此特别。这些服装诉说着历史故事，再加上一些不一样的元素，它们都应该完整地保存起来并获得人们的喜爱。复古服装极富魅力，其内里又蕴含着丰富的历史信息，精致华美的结构和装饰细节总是让我情不自禁地想要将它们收藏起来，吸引着我去试穿。

许多年过去了，收藏并接触了数不清的服装和鞋履包袋之后，我想是时候与大家一起分享数年来的个人珍品收藏了。

图片索引
(Visual Index)

本书中的服装细节特征通过以下的缩写进行表述。本书还附有服装的正面和背面高清图片、大致的制作时间，以及细节描述。缩写规则如下：

NLI（Necklines）：领围线

CLR（Collars）：衣领

SLV（Sleeves）：袖子

CUF（Cuffs）：袖口

PKT（Pockets）：口袋

F/BU（Fastenings & Buttonholes）：紧固件和纽扣

H/D/S/FD（Hems, Darts, Stitching & Fitting Devices）：下摆、省道、缝线和辅件

P/F/F（Pleats, Frills & Flounces）：褶裥、褶边和荷叶边

EMB（Embellishment）：装饰细节

SFC（Surface）：表面肌理

CON（Construction）：结构

象牙白真丝无袖连衣裙
多层次蕾丝裙边
美国, 1924年

章节	页数
F/BU	189
P/F/F	270
EMB	303

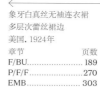

黑色真丝大衣
貂毛领边及袖口
美国, 1925年

章节	页数
CLR	71
CUF	139
PKT	161

黑缎礼服裙
领口处拼接手工蕾丝
美国, 1925年

章节	页数
NLI	41
EMB	304

玫瑰粉雪纺长袖及膝裙
领口、袖口、裙摆处拼接
奶白色蕾丝
美国, 1925年

章节	页数
NLI	41
SLV	112
EMB	304
SFC	348

紫色植绒大衣
美国, 1926年

章节	页数
SLV	113
SFC	349

奶白色乔其纱裙装、外套
美国, 1927年

章节	页数
NLI	41
CUF	140
P/F/F	273
EMB	307

真丝绉纱晚装裙
白、绿、黄、红、紫彩色
竹纹印花
美国, 1935年

蓝白波点棉裙
美国, 1935年

西瓜红印花日装棉裙
美国, 1935年

藏青色羊毛夹克上衣
及裤装
美国, 1935年

黑色天鹅绒晚宴外套
垫肩与荷叶边细节设计
美国, 1935年

春绿色斜裁礼服绸缎裙
美国, 1935年

黑色绉纱长袖连衣裙
腰间流苏装饰细节
美国, 1942年

章节	页数
CLR	77
F/BU	196
EMB	319

棕色绉纱短袖酒会礼服裙
美国, 1942年

章节	页数
F/BU	197
P/F/F	284
EMB	319

黑色绉纱套装裙
白色饰巾装饰
美国, 1943年

章节	页数
EMB	319

红色羊毛花呢短上衣
美国, 1944年

章节	页数
PKT	163
F/BU	199
SFC	356

白色人造丝短袖衬衫
红色手缝线迹
美国, 1945年

章节	页数
F/BU	199
H/D/S/FD	243

灰蓝色羊毛绉呢日装裙
流苏装饰插袋
美国, 1945年

章节	页数
CLR	77
PKT	165
CON	378

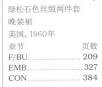

红色真丝双宫绸套装裙
同款Bolero式短上衣
美国, 1960年
章节   页数
PKT.....................168
F/BU.....................209
EMB.....................329

绿色、红色、黄色、蓝色印
花阔摆棉裙
美国, 1960年
章节   页数
P/F/F.....................286
SFC.....................359

藏青色、白色丝绸花式针
织套装裙
美国, 1960年
章节   页数
CLR.....................89
PKT.....................168
H/D/S/FD.............249

米灰色羊毛短袖日装裙
后片分断式结构
法国(?), 1962年
章节   页数
F/BU.....................211
H/D/S/FD.............250

黄褐色双宫绸套装裙
中长袖
美国, 1962年
章节   页数
NLI.....................50
H/D/S/FD.............250
EMB.....................329

红色羊毛双排扣套装裙
美国, 1962年
章节   页数
CLR.....................91
CUF.....................149

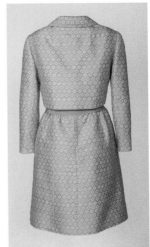

棕色无袖酒会礼服裙
贴袋设计
丹麦，1965年

苹果绿、金色织锦迷你酒
会礼服裙
美国，1965年

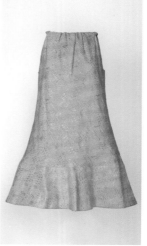

黑色貂皮无袖酒会礼服裙
美国，1965年

米灰色羊毛晚装套裙、
夹克上衣
红粉色莱茵石纽扣
美国，1965年

黑色人造丝缎无袖连衣裙
扇形荷叶边裙摆
美国，1965年

奶白色羊毛绉纱连衣裙
配套款双排扣外套大衣
粉色羊毛领边、袖边装饰
法国，1965年

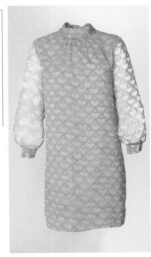 

黑色天鹅绒连身服
蝉翼纱贴花长袖、下摆
美国，1969年

章节	页数
SLV	130
SFC	363

象牙白复古绸缎及地A
型裙
美国，1969年

章节	页数
NLI	56
F/BU	222
H/D/S/FD	262
EMB	336

藏青色、奶白色羊毛双面
针织短袖连衣裙
意大利，1969年

章节	页数
EMB	336

白色迷你裙
长款泡泡袖
美国，1969年

章节	页数
NLI	60
SLV	131
EMB	339
SFC	365

灰褐色无袖连衣裙
配套长袖外套大衣
美国，1969年

章节	页数
CLR	102
PKT	172
F/BU	224
EMB	339
CON	393

黑色、红色、粉色、蓝色及
黄色羊毛袖长及踝裙
高领款式、刺绣装饰
美国，1969年

章节	页数
NLI	60
SLV	130
SFC	362

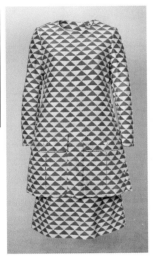
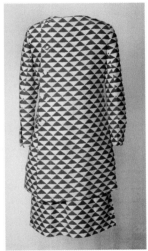

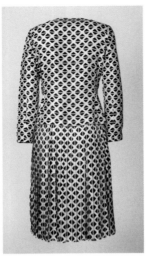

领围线（Necklines）

奶白色真丝短袖日装裙
奶白色蕾丝罩裙
美国，1920年
（第10页）

黑色天鹅绒礼服裙
几何锯齿形裙摆
深红色装饰花边
美国，1924年
（第11页）

蓝绿色真丝塔夫绸无
袖礼服裙
美国，1924年
（第11页）

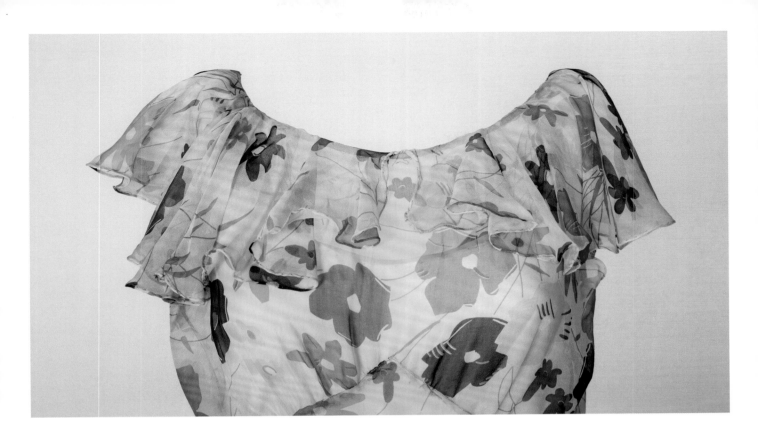

玫瑰粉雪纺长袖及膝裙
领口、袖口、裙摆处拼
接奶白色蕾丝
美国，1925年
（第12页）

黑缎礼服裙
领口处拼接手工蕾丝
美国，1925年
（第12页）

奶白色乔其纱裙装、
外套
美国，1927年
（第12页）

花朵图案雪纺长裙
领口和下摆荷叶边设计
美国，1935年
（第14页）

领围线

绿色雪尼尔针织裙
中长裙、中长袖
美国，1935年
（第15页）

真丝绉纱晚装裙
白、绿、黄、红、紫彩色
竹纹印花
美国，1935年
（第16页）

黑色丝绒晚装裙
奶白色蕾丝花边
美国，1935年
（第15页）

左图裙装背部

领围线

黑白波点真丝绉缎晚
装裙
美国，1935年
（第15页）

左图裙装背部

淡粉色真丝日装裙
蝴蝶结细节
英国，1937年
（第17页）

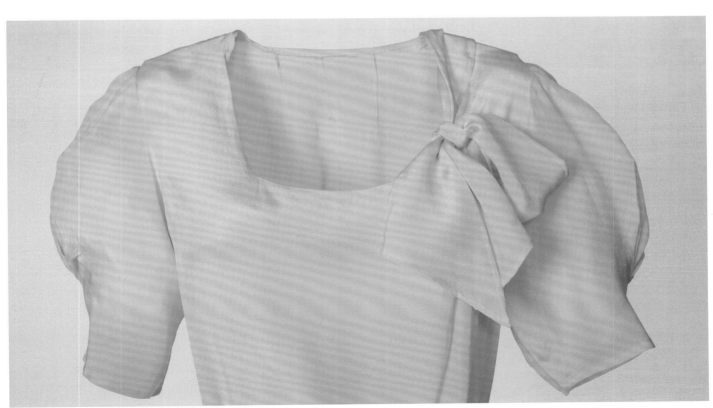

领围线

深紫红色天鹅绒酒会礼
服裙
褶边装饰短袖
美国，1938年
（第17页）

黑色真丝绉纱不对称
日装裙
英国，1939年
（第18页）

紫色天鹅绒及膝酒会礼
服裙
上腹部有特殊造型装饰
美国，1939年
（第18页）

黑色合成纤维绉纱日
装裙
前片上衣褶皱设计
美国，1939年
（第18页）

真丝绉纱日装裙
彩色手绘大理石花纹
1939年，英国
（第18页）

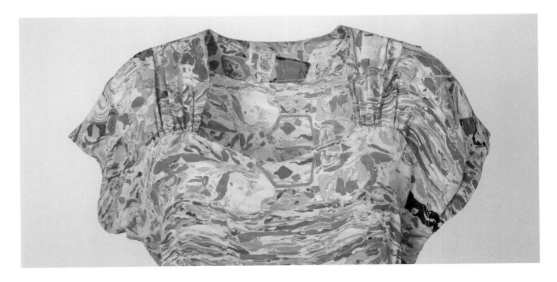

领围线

棕色绉纱全长裙
正面腰间垂带、刺绣
领口
美国，1942年
（第19页）

灰绿色印花棉质摆裙
美国，1950年
（第22页）

黑色塔夫绸酒会摆裙
中长袖
美国，1957年
（第24页）

黑色真丝雪纺酒会礼
服裙
花瓣形裙摆细节
美国，1958年
（第25页）

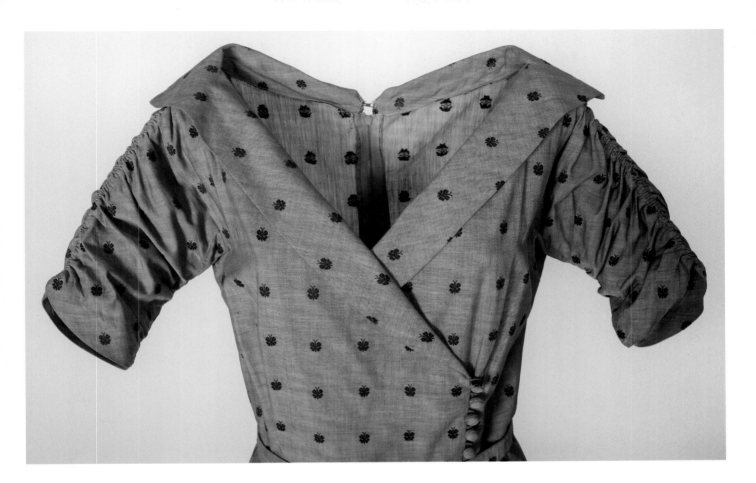

领围线

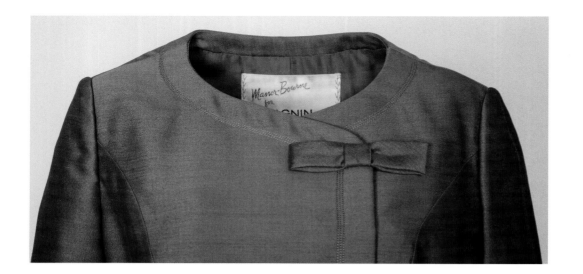

黄褐色双宫绸套装裙
中长袖
美国，1962年
（第26页）

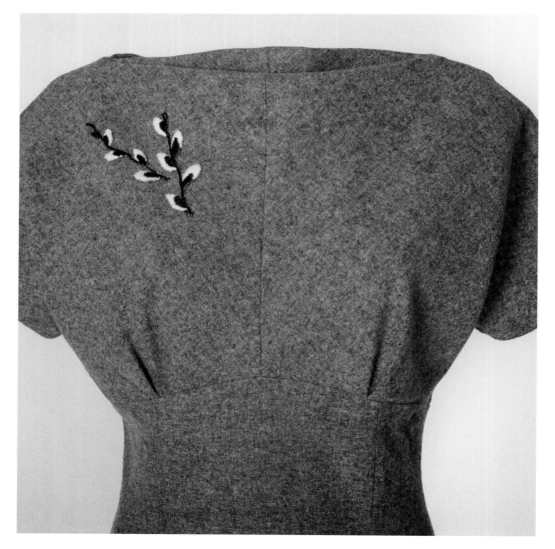

灰色羊毛连衣裙
小杨柳刺绣图案
美国，1963年
（第27页）

蓝白色条纹摆裙
领口处有大蝴蝶结
美国，1963年
（第27页）

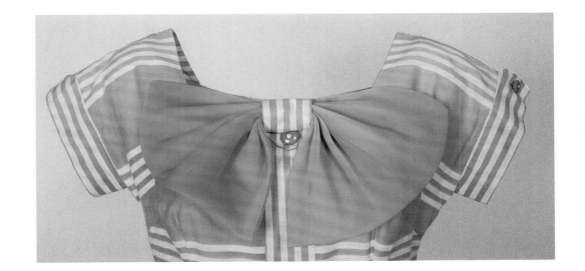

绿色、白色、蓝色春季
主题印花纯棉日装裙
美国，1963年
（第27页）

领围线

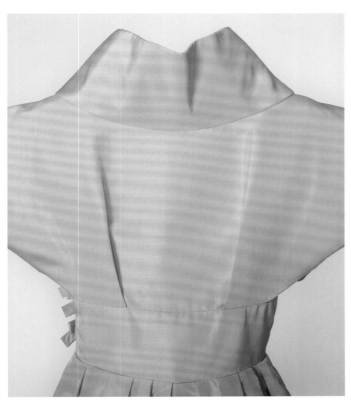

黄色丝缎晚装裙
美国，1965年
（第27页）

左图裙装背部

棕色无袖酒会礼服裙
贴袋设计
丹麦，1965年
（第28页）

苹果绿、金色织锦迷你
酒会礼服裙
美国，1965年
（第28页）

奶白色羊毛无领短款
外套
美国，1967年
（第30页）

驼色羊毛无领外套大衣
美国，1967年
（第30页）

领围线

后面跨页图

黄色长袖绸缎上衣
及地长裙
美国，1967年
（第30页）

奶白色厚羊毛开襟纽
扣长裙
美国，1968年
（第31页）

黑色绉纱连衣裙
美国，1967年
（第29页）

象牙白复古绸缎及地
A型裙
美国，1969年
（第32页）

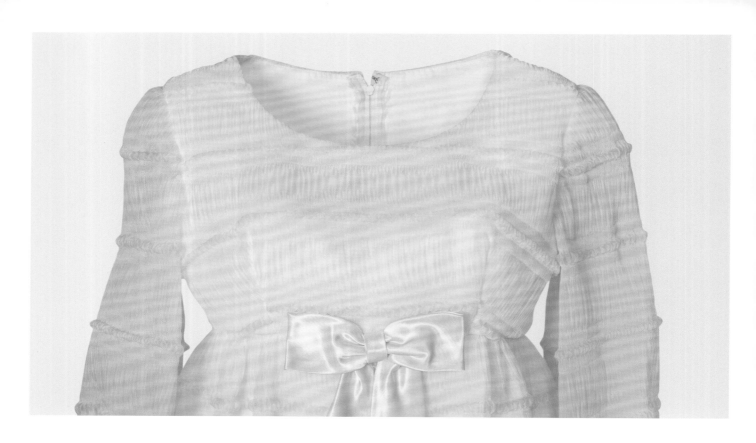

白色迷你裙
长款泡泡袖
美国，1969年
（第32页）

黑色、红色、粉色、
蓝色及黄色羊毛长袖
及踝裙
高领款式、刺绣装饰
美国，1969年
（第32页）

绿色、米黄色犬牙纹印
花低腰裙
美国，1970年
（第33页）

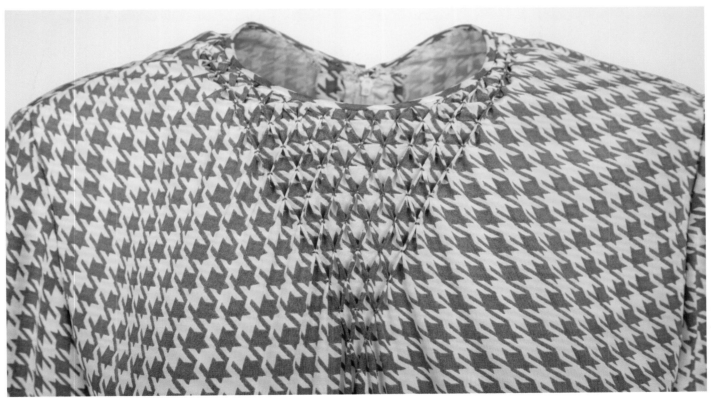

领围线

黑色、黄色印花套装裙
美国，1970年
（第34页）

黑色涤纶绉长裙
蕾丝袖、莱茵石镶嵌
假腰带
美国，1975年
（第34页）

黑色丝缎夹克上衣
荷叶边装饰口袋
美国，1995年
（第35页）

领围线

衣领（Collars）

白色亚麻夹克
内嵌条纹马甲
美国，1914年
（第10页）

藏青色羊毛套装裙
腰部褶边装饰刺绣
美国，1916年
（第10页）

紫色灯芯绒套装裙
美国，1917年
（第10页）

奶白色花边衬衫上衣
低开方形领口、改良海
军领
美国，1917年
（第10页）

黑白条纹罗缎夹克
真丝印花里布
英国，1920年
（第11页）

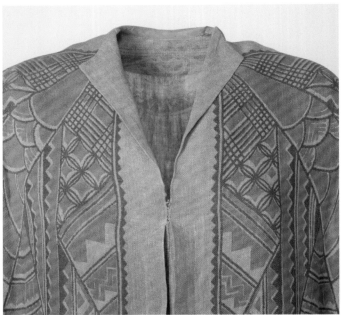

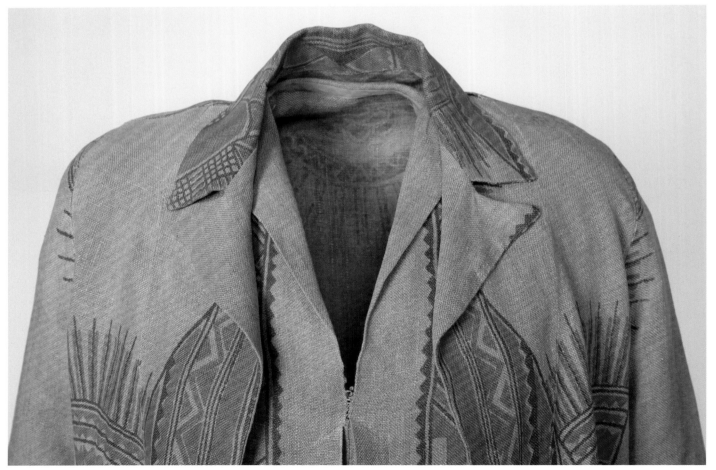

黑色真丝大衣
貂毛领边及袖口
美国，1925年
（第12页）

天然亚麻直筒连身裙、
外套
"装饰艺术"主题印花
英国，1927年
（第13页）

左图套装背部

黑缎大衣
十字绣棉绒花朵图案
美国，1927年
（第13页）

黑色丝绒晚装裙
领口处、臀部及袖口处
拼接塔夫绸荷叶边
英国，1928年
（第13页）

上图裙装背部

蓝白波点棉裙
美国，1935年
（第16页）

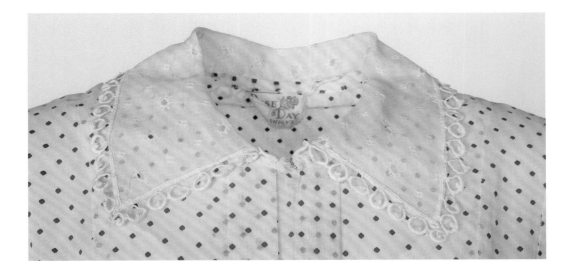

西瓜红印花日装棉裙
美国，1935年
（第16页）

藏青色羊毛夹克上衣
及裤装
美国，1935年
（第16页）

黑色天鹅绒晚宴外套
垫肩与荷叶边细节设计
美国，1935年
（第16页）

春绿色斜裁礼服缎裙
美国，1935年
（第16页）

黑色羊毛中长款外
套大衣
美国，1938年
（第17页）

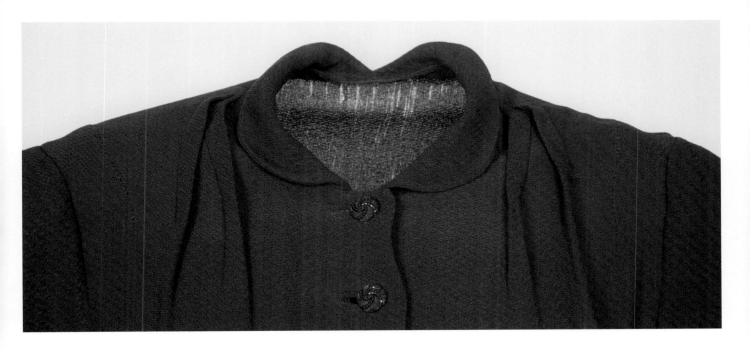

蓝色合成纤维绉纱日
装裙
蓝色蕾丝育克、短袖
美国，1939年
（第18页）

黑色绉纱长袖连衣裙
腰间流苏装饰细节
美国，1942年
（第20页）

灰蓝色羊毛绉呢日装裙
流苏装饰插袋
美国，1945年
（第20页）

藏青色羊毛上衣
对称条纹细节设计
美国, 1946年
（第21页）

棕色羊毛套装裙
美国, 1947年
（第21页）

绛紫色、灰色条纹羊毛
花呢套装裙
美国, 1947年
（第21页）

衣领

棕色套装裙
美国，1949年
（第21页）

粉色黏胶棉纬罗缎家
居长袍
美国，1949年
（第22页）

衬衫式夹克衫
深绿色、藏青色格纹呢
美国，1949年
（第21页）

紫色羊毛阔摆大衣
前片纽扣门襟设计
美国，1949年
（第22页）

灰色羊毛西服套装裙
美国，1950年
（第22页）

灰粉色羊毛格纹西服
套装裙
美国，1950年
（第22页）

左图套装裙背部

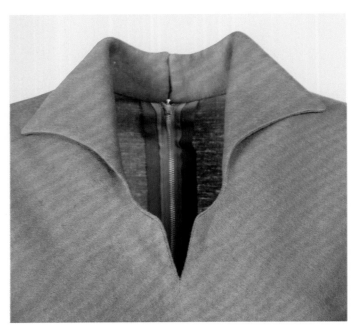

橄榄绿羊毛双面针织
日装裙
美国，1951年
（第23页）

绿松石色刺绣上衣
斗牛主题图案
墨西哥，1952年
（第23页）

棕黑色羊毛花呢夹克
公主线缝线细节
（第23页）

棕色羊毛华达呢短
款外套
美国，1952年
（第23页）

棕黑色斜条纹羊毛大衣
美国，1955年
（第24页）

黑色羊绒外套
同料腰带、中长袖
美国，1955年
（第24页）

黑色天鹅绒及膝阔
摆大衣
中长袖
美国，1957年
（第25页）

衣领

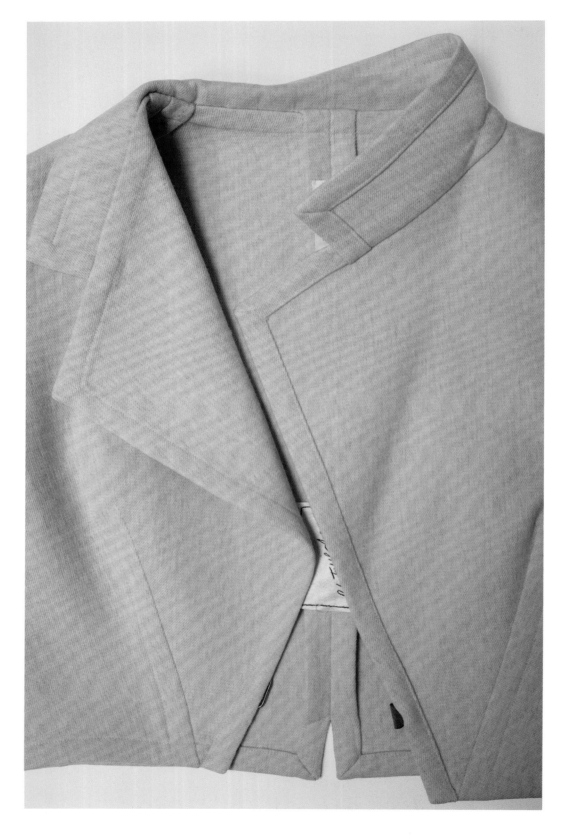

米灰色厚羊毛Bolero式
短上衣
美国，1957年
（第25页）

灰褐色真丝酒会礼服裙
美国，1958年
（第25页）

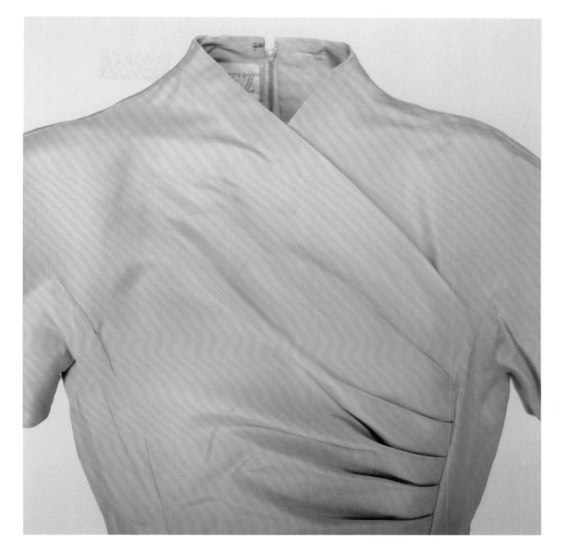

藏青色、白色丝绸花式
针织套装裙
美国，1960年
（第26页）

20世纪西方经典服装款式细节

跨页图

红色羊毛双排扣套　　　粉色、白色印花套装裙　　米灰色羊毛晚装套裙、
装裙　　　　　　　　　低圆领、同款短上衣　　夹克上衣
美国，1962年　　　　　美国，1965年　　　　　红粉色莱茵石纽扣
（第26页）　　　　　　（第27页）　　　　　　美国，1965年
　　　　　　　　　　　　　　　　　　　　　　　（第28页）

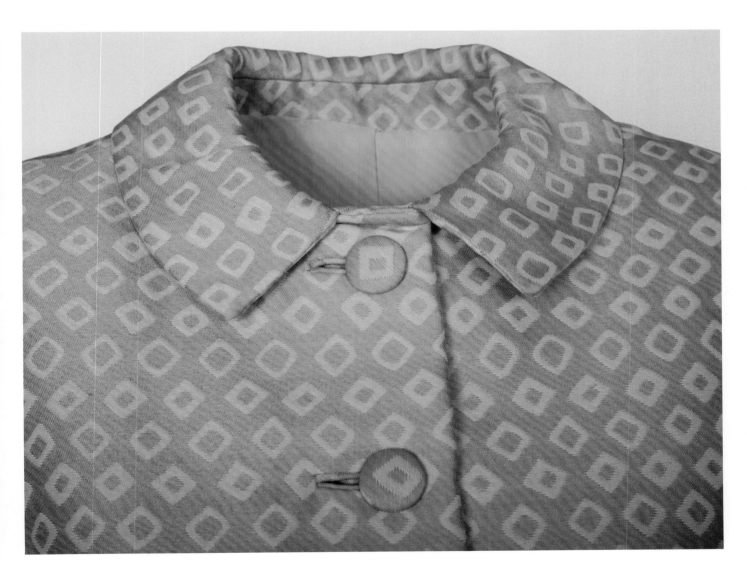

衣领

配套款双排扣外套
大衣
粉色羊毛领边、袖边
装饰
法国，1965年
（第28页）

棕色绉纱长袖束腰裙
衣片前中心、袖口处钉
珠镶带
法国，1966年
（第29页）

灰色羊毛长袖裙装
粉色天鹅绒蝴蝶结
奶白色绸缎领口、袖口
美国，1968年
（第31页）

奶白色、绿松石色羊毛
无袖连衣裙
法国，1967年
（第30页）

长袖真丝斜纹缎裙
红色、奶白色印花
高领设计
美国，1967年
（第30页）

20世纪西方经典服装款式细节

衣领

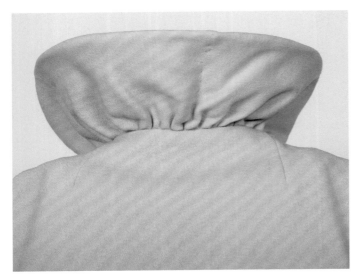

灰褐色羊毛绉纱无袖
迷你酒会礼服裙
美国，1968年
（第30页）

左图裙装背部

20世纪西方经典服装款式细节

长袖雪纺连衣裙
橙色"装饰艺术"主
题印花
美国，1968年
（第31页）

上图裙装背部

黑色不对称羊毛夹克
单粒扣门襟
美国，1968年
（第31页）

黑色丝缎中长外套大衣
美国，1968年
（第31页）

衣领

黑白色真丝裙
铆钉装饰
美国，1969年
（第33页）

灰褐色无袖连衣裙
配套长袖外套大衣
美国，1969年
（第32页）

　20世纪西方经典服装款式细节

绿松石色羊毛双排扣
套装裙
法国，1970年
（第33页）

藏青色、白色点纹羊毛
花呢套装裙
美国，1970年
（第34页）

淡紫色格纹羊毛长袖
摆裙
美国, 1970年
（第34页）

棕色棉绒双排扣夹克
棕色毛绒镶边
美国, 1971年
（第34页）

深紫色羊毛外套大衣
美国, 1975年
（第34页）

奶白色羊毛双面针织长
袖日装裙
人造皮革滚边细节
（第35页）

黑色羊毛齐腰款夹克
美国，1994年
（第35页）

黑色丝缎夹克上衣
荷叶边装饰口袋
美国，1995年
（第35页）

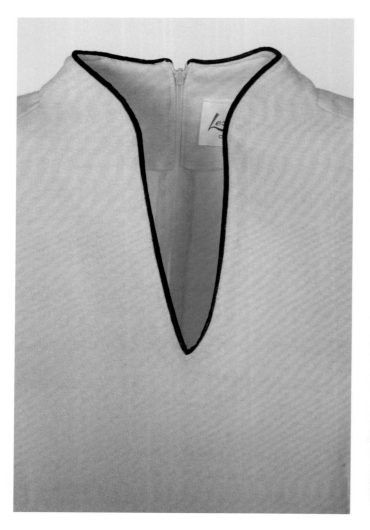

20世纪西方经典服装款式细节

CONOVER MAYER

6

袖子 （Sleeves）

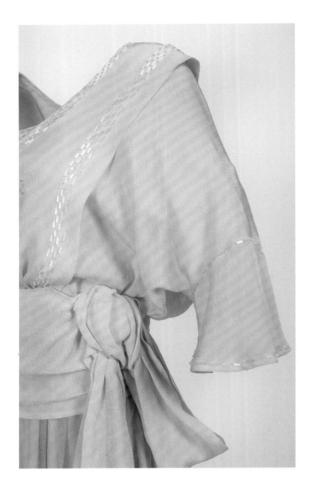

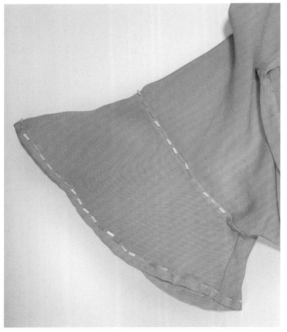

奶白色真丝短袖日装裙
奶白色蕾丝罩裙
美国，1920年
（第10页）

棕色真丝乔其纱日装裙
绿松石色、褐色缎带
蝴蝶结
美国，1922年
（第11页）

左图裙装背部

袖子

银灰色蕾丝裙
奶白色塔夫绸内裙
美国，1923年
（第11页）

玫瑰粉雪纺长袖及膝裙
领口、袖口、裙摆处拼
接奶白色蕾丝
美国，1925年
（第12页）

紫色植绒大衣
美国，1926年
（第12页）

黑缎长袖晚装裙
奶白色蕾丝袖边及下
摆细节
美国，1927年
（第13页）

黑色羊毛绉纱日装裙
黑色植绒长袖、领口
美国，1932年
（第14页）

西瓜红印花日装棉裙
美国，1935年
（第16页）

左图裙装背部

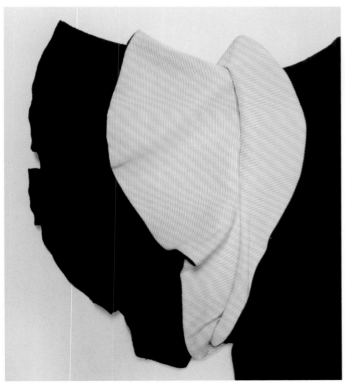

黑色绉纱长裙
多层波纹褶边衫袖
白缎花边装饰
美国，1935年
（第15页）

袖子

紫色天鹅绒晚装全
长裙
美国，1935年
（第15页）

春绿色斜裁礼服缎裙
美国，1935年
（第16页）

白色纯棉网眼刺绣裙
披肩领
美国，1935年
（第15页）

左图裙装背部

袖子

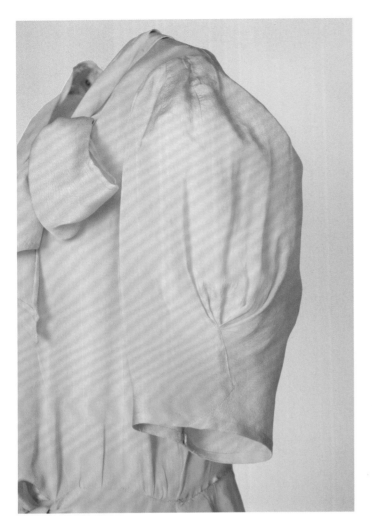

淡粉色真丝日装裙
蝴蝶结细节
英国，1937年
（第17页）

深紫红色天鹅绒酒会礼
服裙
褶边装饰短袖
美国，1938年
（第17页）

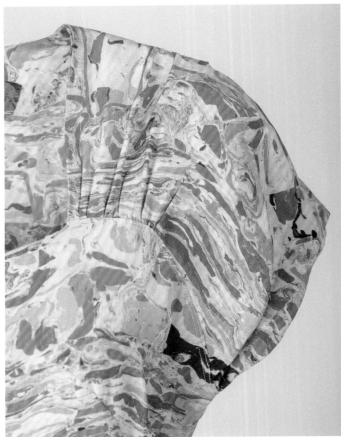

黑色羊毛中长款外
套大衣
美国，1938年
（第17页）

真丝绉纱日装裙
彩色手绘大理石花纹
1939年，英国
（第18页）

深紫红色天鹅绒酒会
礼服裙
蝴蝶结钉珠饰边
美国，1939年
（第17页）

黑色真丝绉纱不对称
日装裙
英国，1939年
（第18页）

黑色合成纤维绉纱日
装裙
前片上衣褶皱设计
美国，1939年
（第18页）

灰黑色尼龙印花日装裙
美国，1939年
（第18页）

紫色天鹅绒及膝酒会礼服裙
上腹部有特殊造型装饰
美国，1939年
（第18页）

棕色羊毛套装裙
美国，1947年
（第21页）

袖子

粉色黏胶棉纬罗缎家
居长袍
美国，1949年
（第21页）

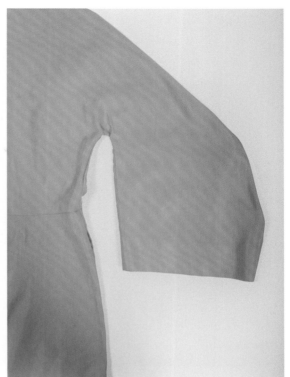

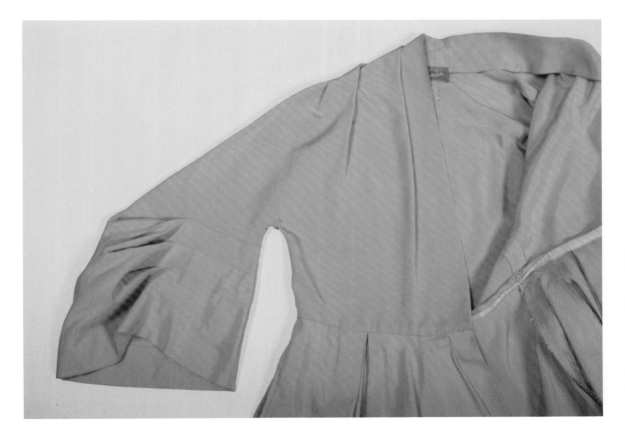

袖子

衬衫式夹克衫
深绿色、藏青色格纹呢
美国，1949年
（第21页）

灰绿色印花棉质摆裙
美国，1950年
（第22页）

黑色羊绒外套
同料腰带、中长袖
美国，1955年
（第24页）

蓝白色条纹摆裙
领口处的大蝴蝶结
美国，1963年
（第27页）

袖子

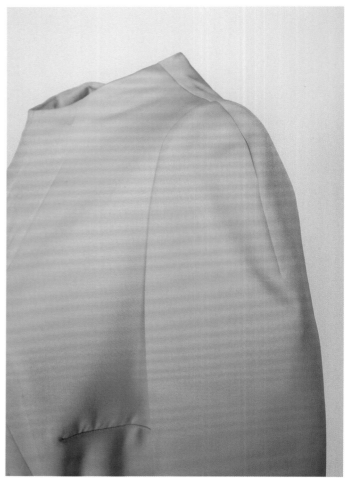

黑色合成绉纱连衣裙　　　黄色长袖绸缎上衣
欧根纱灯笼长袖　　　　　及地长裙
美国，1965年　　　　　　美国，1967年
（第27页）　　　　　　　（第30页）

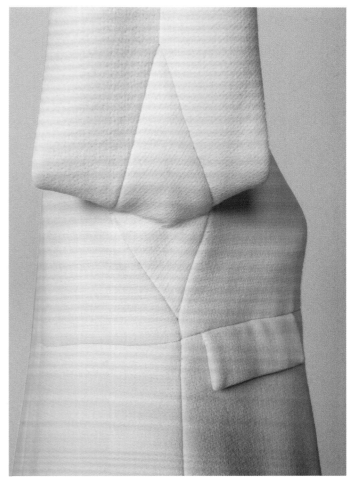

奶白色厚羊毛开襟纽
扣长裙
美国，1968年
（第31页）

袖子

黑色、红色、粉色、
蓝色及黄色羊毛长袖
及踝裙
高领款式、刺绣装饰
美国，1969年
（第32页）

黑色天鹅绒连身服
蝉翼纱贴花长袖、下摆
美国，1969年
背部（第32页）

白色迷你裙
长款泡泡袖
美国，1969年
（第32页）

奶白色羊毛双面针织长
袖日装裙
人造皮革滚边细节
美国，1983年
（第35页）

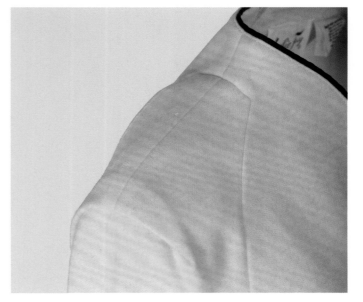

绿松石色丝缎蝙蝠裙
中国，1985年
（第35页）

奶白色丝毛紧身长袖上衣
腰间褶边设计
美国，1985年
（第35页）

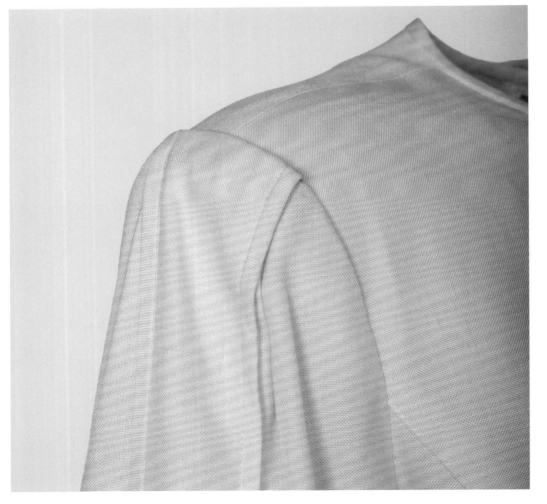

黑色丝缎夹克上衣
荷叶边装饰口袋
美国，1995年
（第35页）

黑色丝缎夹克上衣
苣荬叶形领
美国，1995年
（第35页）

袖子

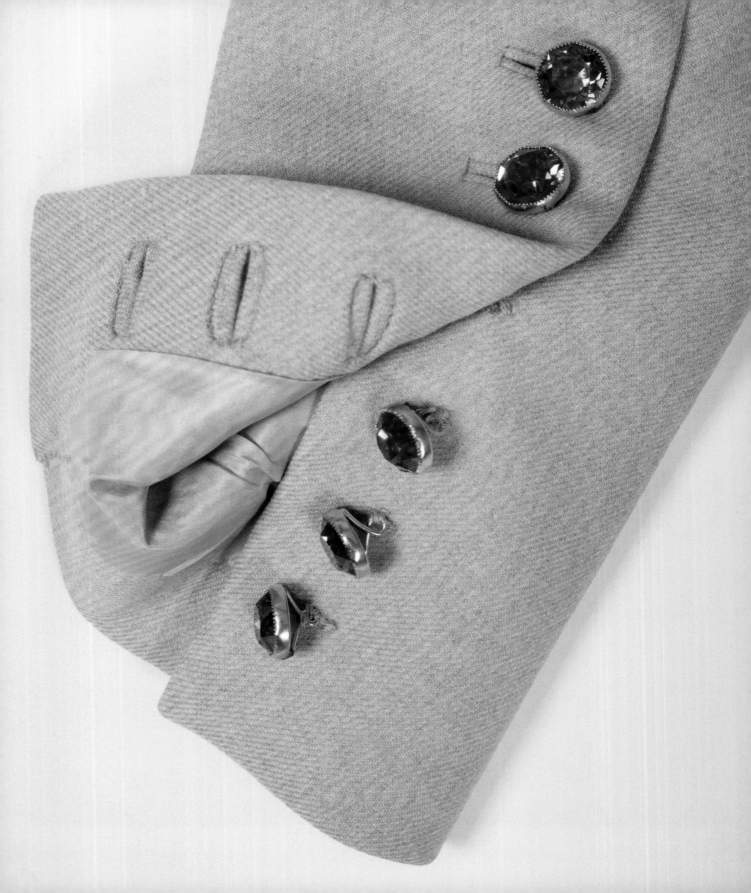

袖口（Cuffs）

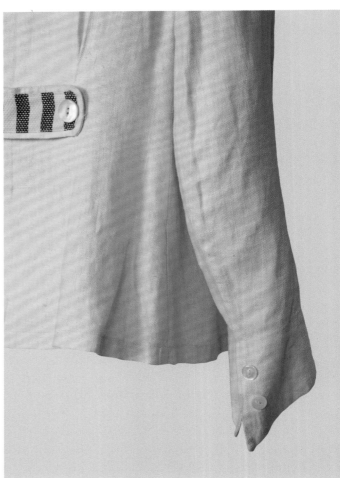

桃红色棉绒夹克
饰带装饰、丝绒刺绣
意大利，1913年
背部（第10页）

白色亚麻夹克
内嵌条纹马甲
美国，1914年
背部（第10页）

藏青色羊毛套装裙
腰部褶边装饰刺绣
美国，1916年
（第10页）

紫色灯芯绒套装裙
美国，1917年
（第10页）

奶白色花边衬衫上衣
低开方形领口、改良海军领
美国，1917年
（第10页）

黑白条纹罗缎夹克
真丝印花里布
英国, 1920年
背部 (第11页)

黑色真丝大衣
貂毛领边及袖口
美国, 1925年
(第12页)

奶白色乔其纱裙装、
外套
美国，1927年
（第12页）

左图裙装及外套背部

珠光白真丝绉纱
不对称长袖日装裙
美国，1927年
（第13页）

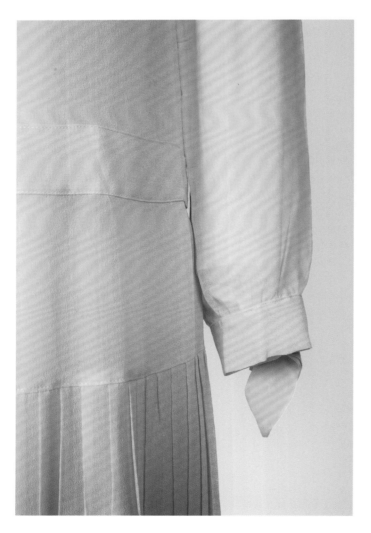

黑缎大衣
十字绣棉绒花朵图案
美国，1927年
（第13页）

黑色丝绒晚装裙
领口处、臀部及袖口处
拼接塔夫绸荷叶边
英国，1928年
（第13页）

黑色羊毛绉纱日装裙
黑色植绒长袖、领口
美国，1932年
（第14页）

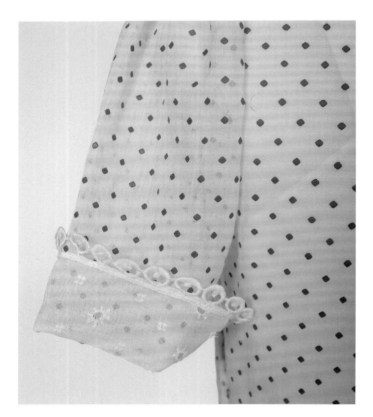

蓝白波点棉裙
美国，1935年
（第16页）

黑色天鹅绒晚宴外套
垫肩与荷叶边细节设计
美国，1935年
（第16页）

黑色羊毛中长款外
套大衣
美国，1938年
（第17页）

灰色羊毛西服套装裙
美国，1950年
（第22页）

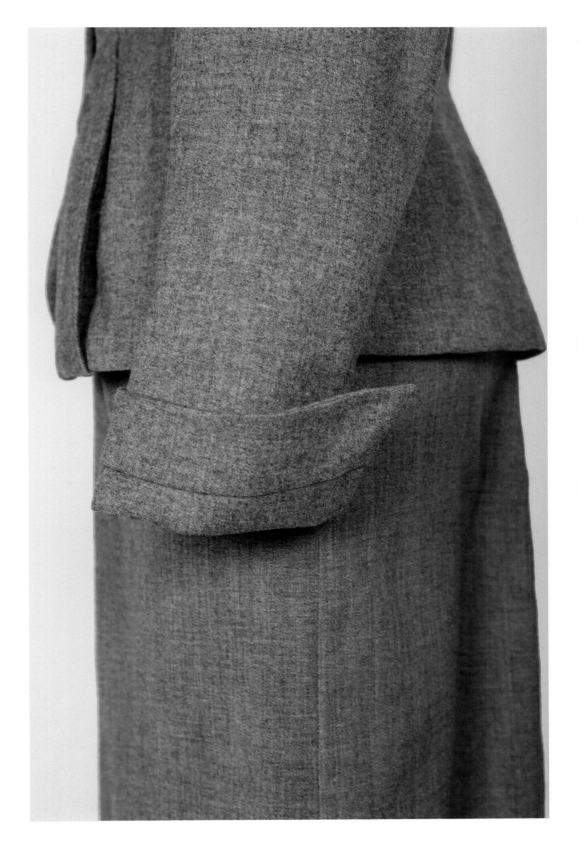

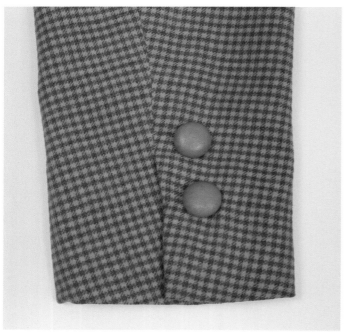

藏青色真丝塔夫绸衬
衫裙
美国，1950年
（第22页）

灰粉色羊毛格纹西服
套装裙
美国，1950年
背部（第22页）

橄榄绿羊毛双面针织
日装裙
美国，1951年
（第23页）

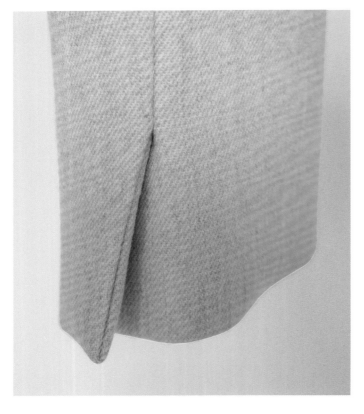

黑色天鹅绒及膝阔
摆大衣
中长袖
美国，1957年
（第25页）

米灰色厚羊毛Bolero式
式短上衣
美国，1957年
背部（第25页）

红色羊毛双排扣套
装裙
美国, 1962年
（第26页）

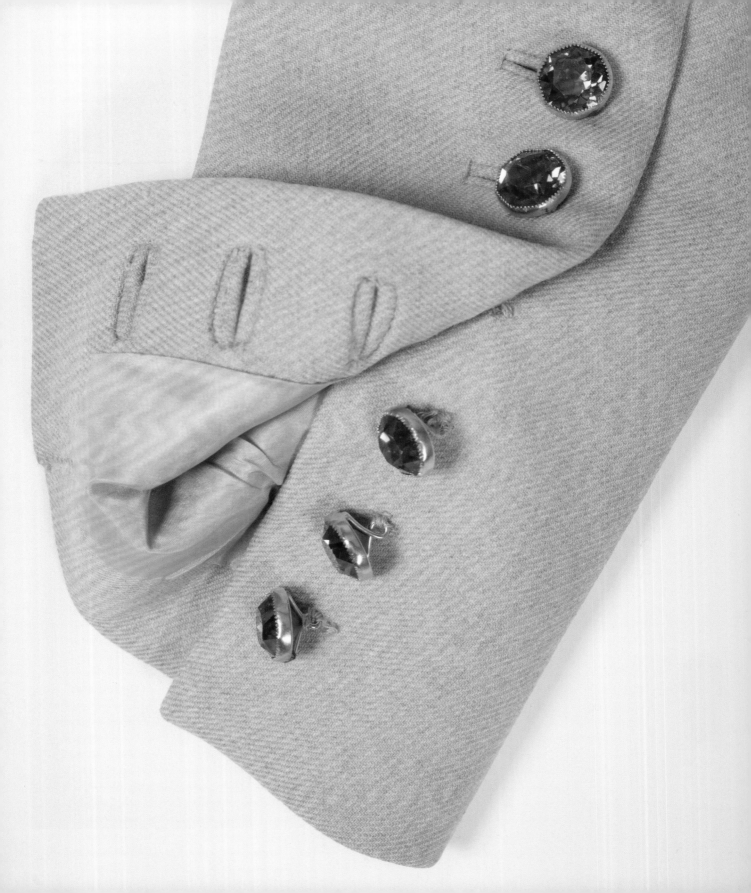

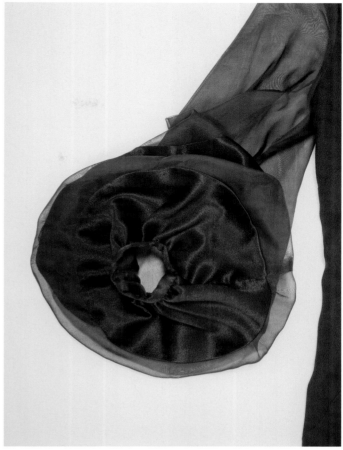

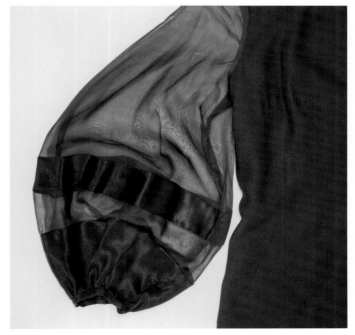

米灰色羊毛晚装套裙、
夹克上衣
红粉色莱茵石纽扣
美国，1965年
（第28页）

黑色合成绉纱连衣裙
欧根纱灯笼长袖
美国，1965年
（第27页）

棕色绉纱长袖束腰裙
衣片前中心、袖口处钉
珠镶带
法国, 1966年
（第29页）

长袖真丝斜纹缎裙
红色、奶白色印花
高领设计
美国, 1967年
背部（第30页）

奶白色真丝束腰裙
领口、袖口处钉珠装饰
美国, 1968年
（第31页）

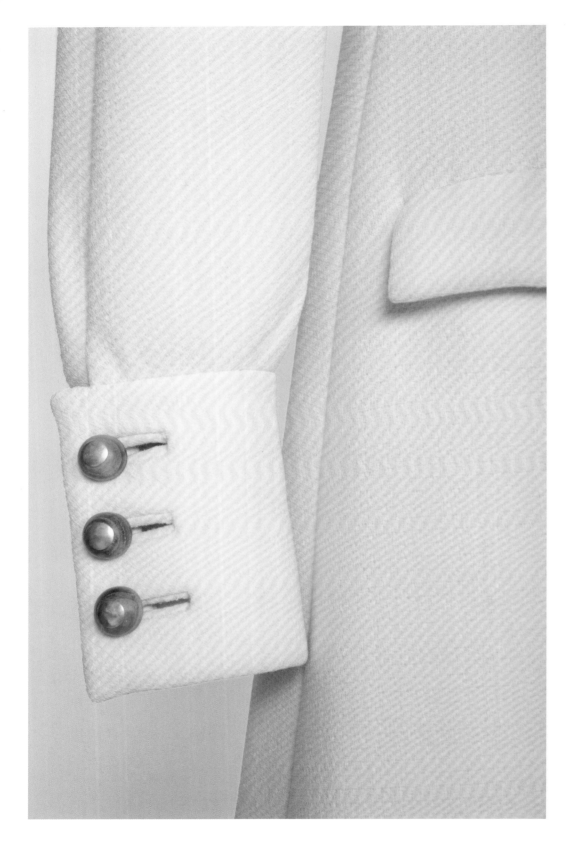

奶白色厚羊毛开襟纽
扣长裙
美国，1968年
（第31页）

绿色、米黄色犬牙纹印
花低腰裙
美国，1970年
（第33页）

左图裙装背部

袖口

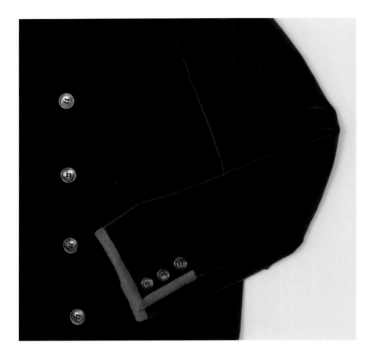

棕色棉绒双排扣夹克
棕色毛绒镶边
美国, 1971年
（第34页）

深紫色羊毛外套大衣
美国, 1975年
（第34页）

奶白色丝毛紧身长袖
上衣
腰间褶边设计
美国, 1985年
（第35页）

口袋（Pockets）

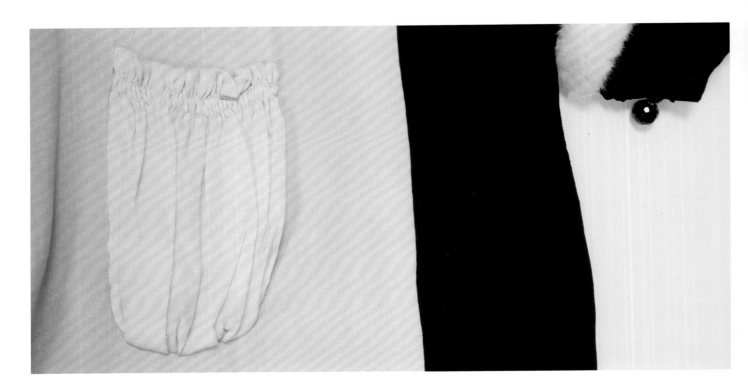

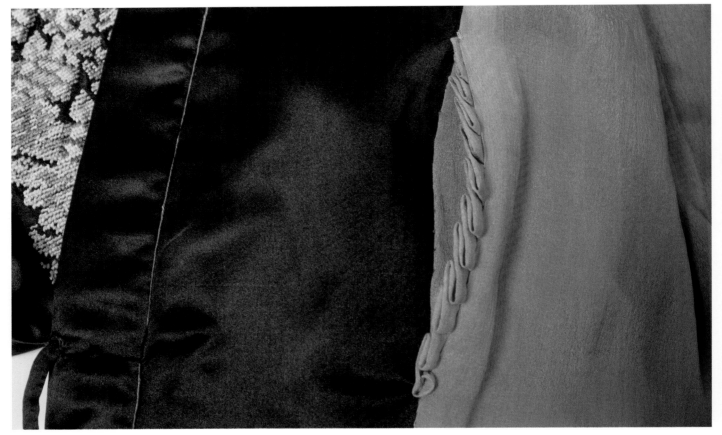

黑色真丝大衣
貂毛领边及袖口
美国，1925年
（第12页）

黑缎大衣
十字绣棉绒花朵图案
美国，1927年
（第13页）

薄棉纱日装裙
蓝色、黄色及红色佩斯
利印花
抽绳袋设计
美国，1932年
（第14页）

红粉色印花日装棉裙
美国，1935年
（第16页）

黑色羊毛中长款外
套大衣
美国，1938年
（第17页）

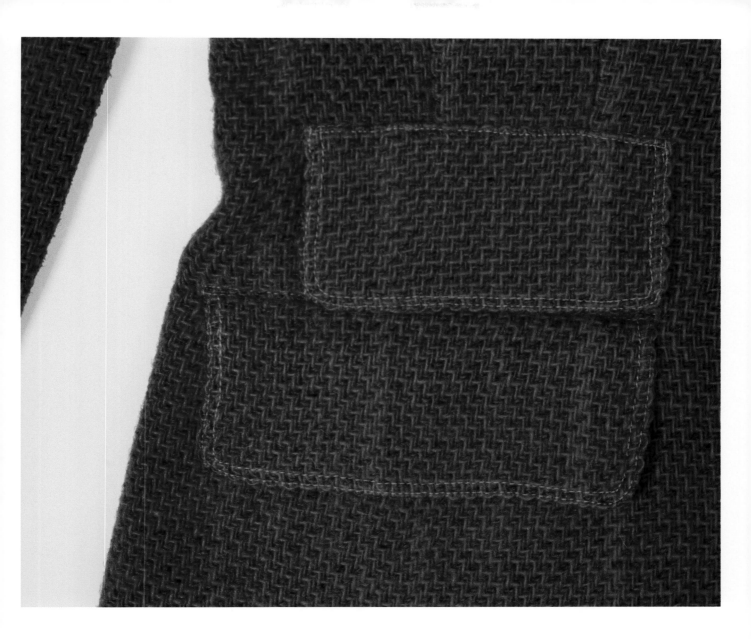

红色羊毛花呢短上衣
美国，1944年
（第20页）

灰蓝色羊毛绉呢日装裙
流苏装饰插袋
美国，1945年
（第20页）

绛紫色、灰色条纹羊毛
花呢套装裙
美国，1947年
（第21页）

红色毛毡圆形裙
黑色镶边刺绣装饰
美国，1950年
（第22页）

灰色羊毛西服套装裙
美国，1950年
（第22页）

灰色羊毛半裙
V型口袋设计
美国，1952年
（第23页）

深灰色羊毛A型半身裙
浅灰色后袋
美国，1955年
（第23页）

口袋

棕黑色斜条纹羊毛大衣
美国，1955年
（第24页）

藏青色、白色丝绸花式
针织套装裙
美国，1960年
（第26页）

红色真丝双宫绸套装裙
同款Bolero式式短上衣
美国，1960年
（第26页）

棕色无袖酒会礼服裙
贴袋设计
丹麦，1965年
（第28页）

黑色绉纱连衣裙
美国，1967年
（第29页）

驼色羊毛无领外套大衣
美国，1967年
（第30页）

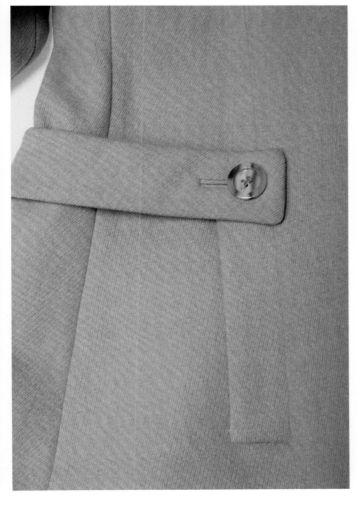

奶白色、绿松石色羊毛
无袖连衣裙
法国，1967年
（第30页）

黑色不对称羊毛夹克
单粒扣门襟
美国，1968年
（第31页）

灰褐色无袖连衣裙
配套长袖外套大衣
美国，1969年
（第32页）

藏青色、白色点纹羊毛
花呢套装裙
美国，1970年
（第34页）

奶白色、深紫色三角形
印花束腰上衣、套裙
美国，1970年
（第33页）

黑色、黄色印花套装裙
美国，1970年
（第34页）

绿松石色羊毛双排扣
套装裙
法国,1970年
（第33页）

深紫色羊毛外套大衣
美国，1975年
（第34页）

奶白色羊毛双面针织长
袖日装裙
人造皮革滚边细节
美国，1983年
（第35页）

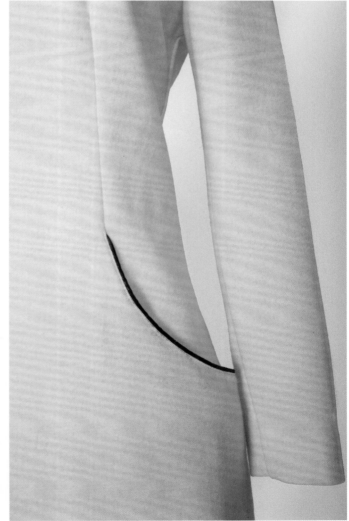

绿松石色丝缎蝙蝠裙
中国，1985年
（第35页）

黑色羊毛齐腰款夹克
美国，1994年
（第35页）

黑色丝缎夹克上衣
荷叶边装饰口袋
美国，1995年
（第35页）

口袋

紧固件和纽扣
(Fastenings & Buttonholes)

白色亚麻夹克
内嵌条纹马甲
美国，1914年
（第10页）

藏青色羊毛套装裙
腰部褶边装饰刺绣
美国，1916年
（第10页）

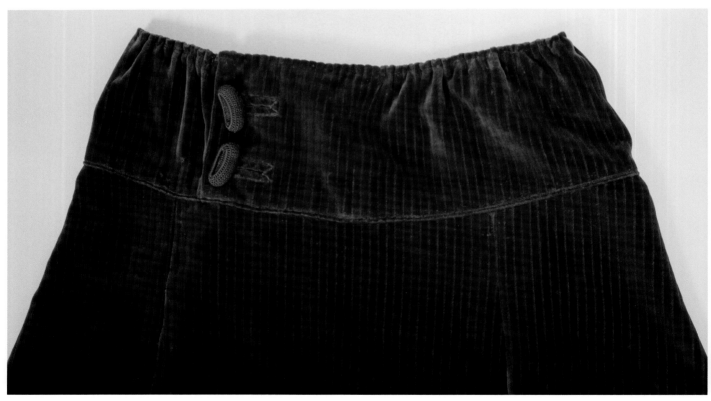

紫色灯芯绒套装裙
美国，1917年
（第10页）

上图套装背部

20世纪西方经典服装款式细节

黑白条纹罗缎夹克
真丝印花里布
英国，1920年
（第11页）

奶白色真丝短袖日装裙
奶白色蕾丝罩裙
美国，1920年
背部（第10页）

棕色真丝乔其纱日装裙
绿松石色、褐色缎带
蝴蝶结
美国，1922年
背部（第11页）

蓝绿色真丝塔夫绸无
袖礼服裙
美国，1924年
（第11页）

象牙白真丝无袖连衣裙
多层次蕾丝裙边
美国，1924年
（第12页）

天然亚麻直筒连身裙、外套
"装饰艺术"主题印花
英国，1927年
（第13页）

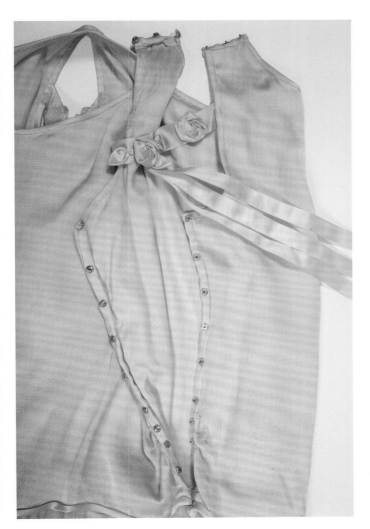

白色真丝塔夫绸
丝网宴会裙
美国，1929年
（第13页）

紫红色真丝乔其纱日
装裙
横褶饰边
美国，1930年
（第14页）

蓝白波点棉裙
美国，1935年
（第16页）

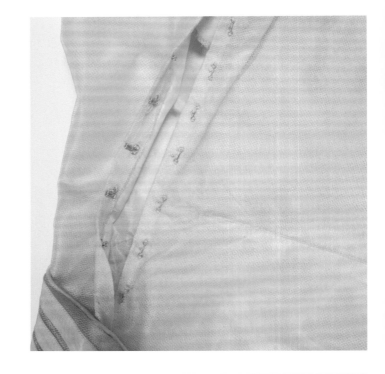

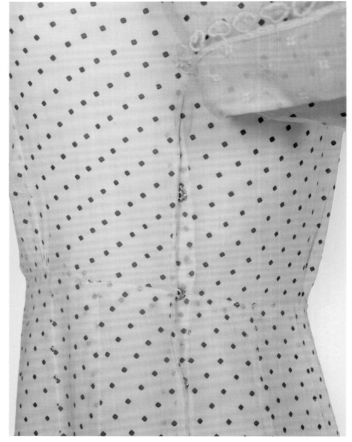

黑色绉纱长裙
多层波纹褶边衫袖
白缎花边装饰
美国，1935年
背部（第15页）

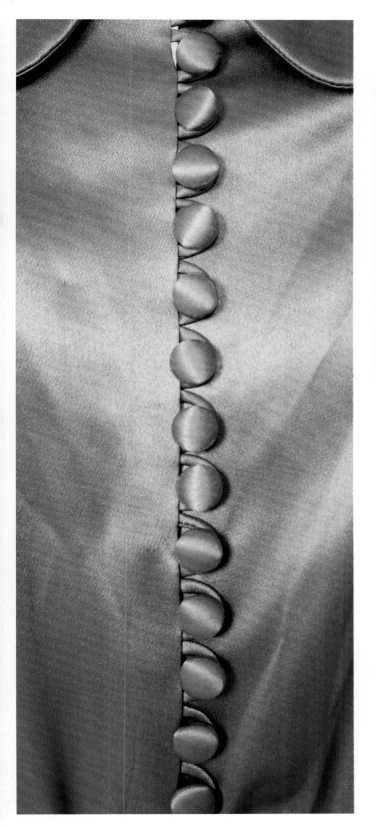

绿色雪尼尔针织裙
中长裙、中长袖
美国，1935年
背部（第15页）

春绿色斜裁礼服缎裙
美国，1935年
背部（第16页）

黑色合成纤维绉纱日
装裙
前片上衣褶皱设计
美国，1939年
背部（第18页）

橙色、褐色羊毛格纹夹
克外套
奶白色全毛华达呢马裤
美国，1940年
（第19页）

黑色绉纱长袖连衣裙
腰间流苏装饰细节
美国，1942年
（第20页）

20世纪西方经典服装款式细节

棕色绉纱短袖酒会
礼服裙
美国，1942年
背部（第20页）

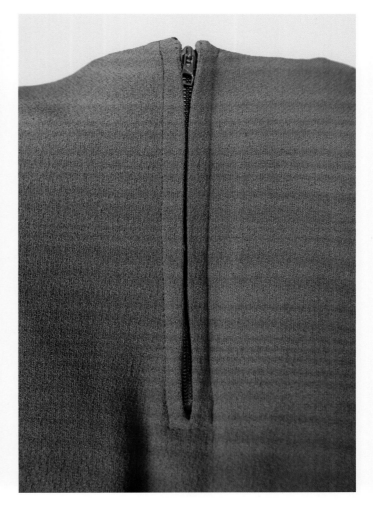

The Young-Quinlan Co.

MINNEAPOLIS

红色羊毛花呢短上衣
美国，1944年
（第20页）

白色人造丝短袖衬衫
红色手缝线迹
美国，1945年
（第20页）

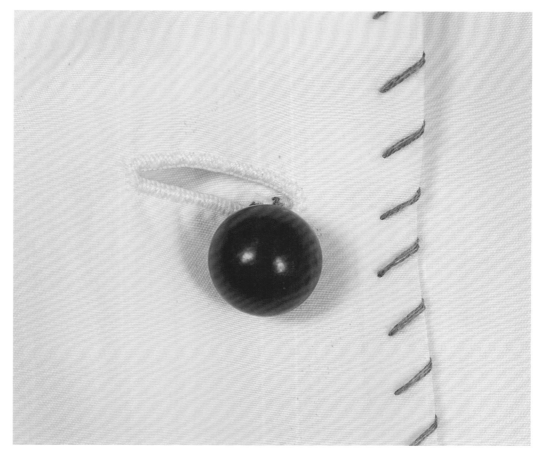

藏青色羊毛上衣
对称条纹细节设计
美国，1946年
（第21页）

棕色羊毛套装裙
美国，1947年
（第21页）

紫色羊毛阔摆大衣
前片纽扣门襟设计
美国，1949年
（第22页）

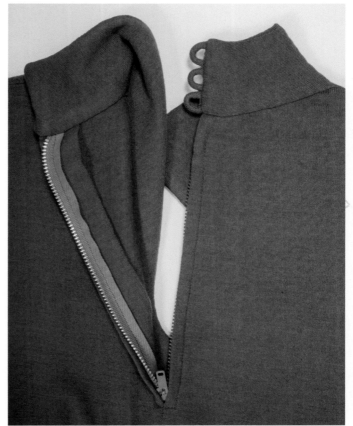

灰绿色印花棉质摆裙
美国，1950年
（第22页）

橄榄绿羊毛双面针织
日装裙
美国，1951年
背部（第23页）

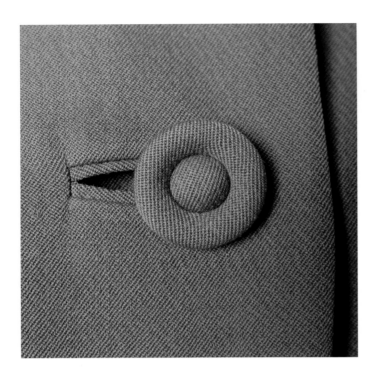

左下和后面跨页图

棕色羊毛华达呢短
款外套
美国，1952年
（第23页）

奶白色中长袖酒会礼服
绸缎裙
绿色、粉色织锦图案
胸前拼接绿色蝴蝶结
装饰
美国，1956年
（第24页）

黑色真丝雪纺宽摆酒
会礼服裙
美国，1958年
背部（第25页）

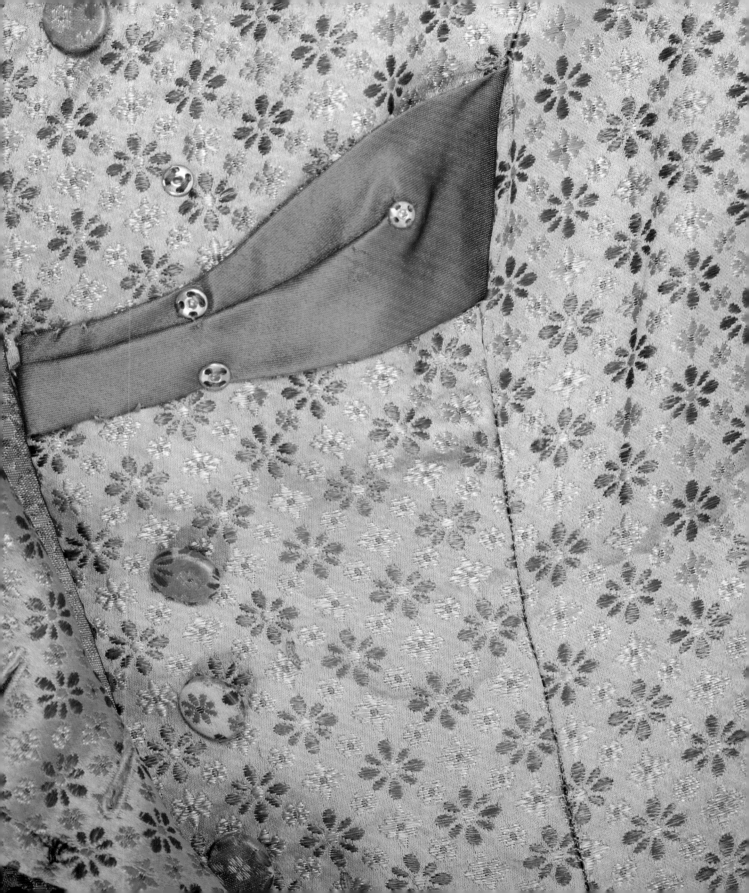

20世纪西方经典服装款式细节

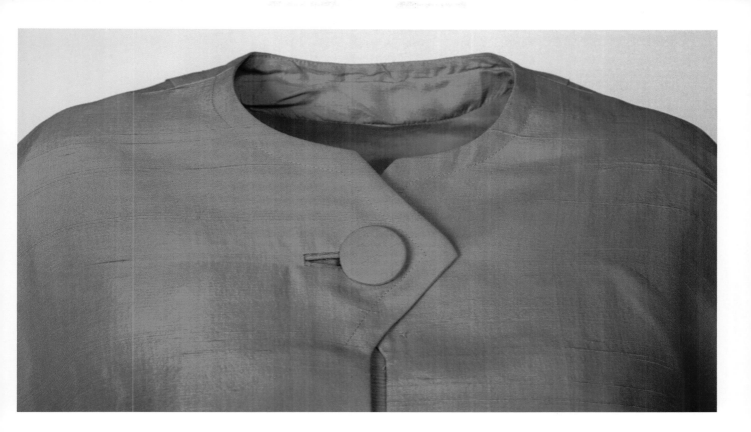

绿松石色丝缎两件套
晚装裙
美国，1960年
背部（第25页）

红色真丝双宫绸套装裙
同款Bolero式短上衣
美国，1960年
（第26页）

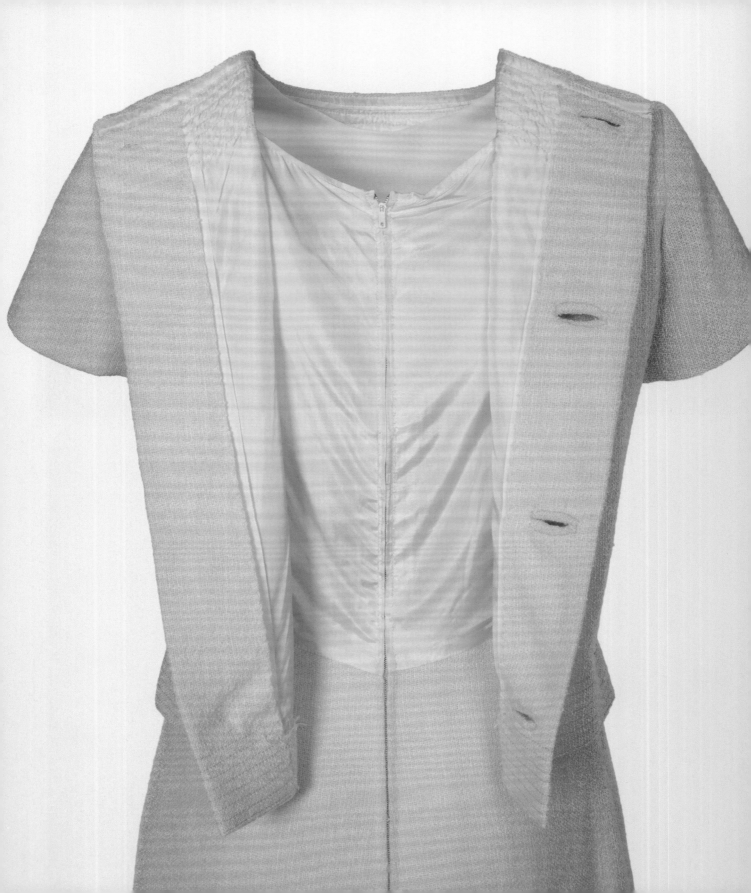

米灰色羊毛短袖日装裙
后片分断式结构
法国（?），1962年
背部（第26页）

棕色无袖酒会礼服裙
贴袋设计
丹麦，1965年
背部（第28页）

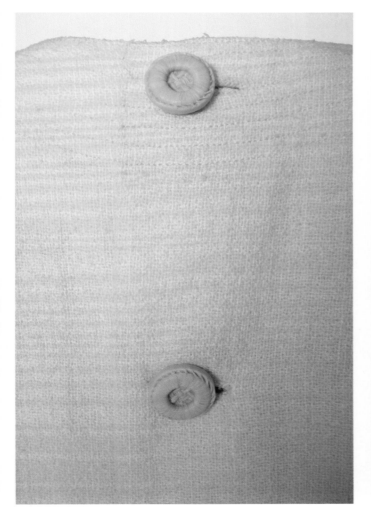

粉色、白色印花套装裙
低圆领、同款短上衣
美国，1965年
（第27页）

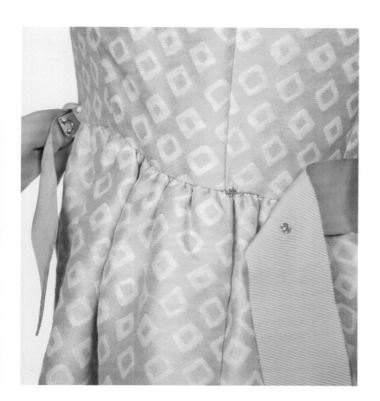

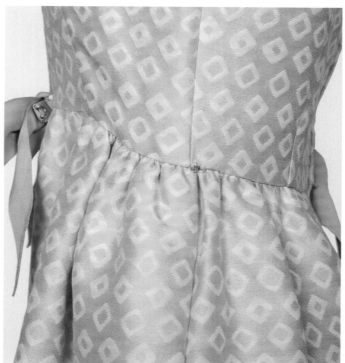

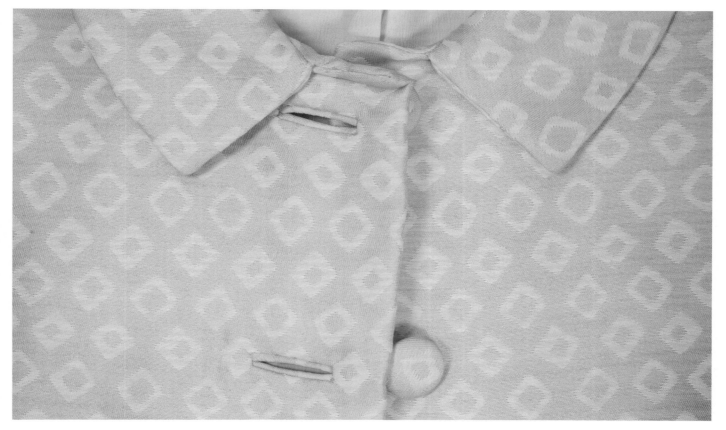

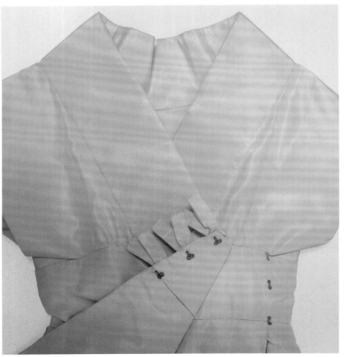

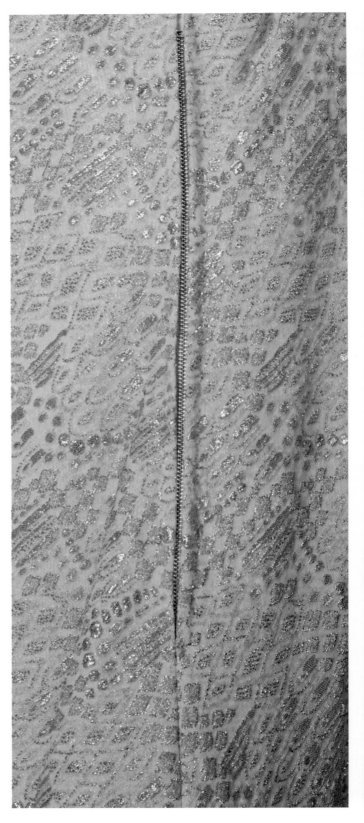

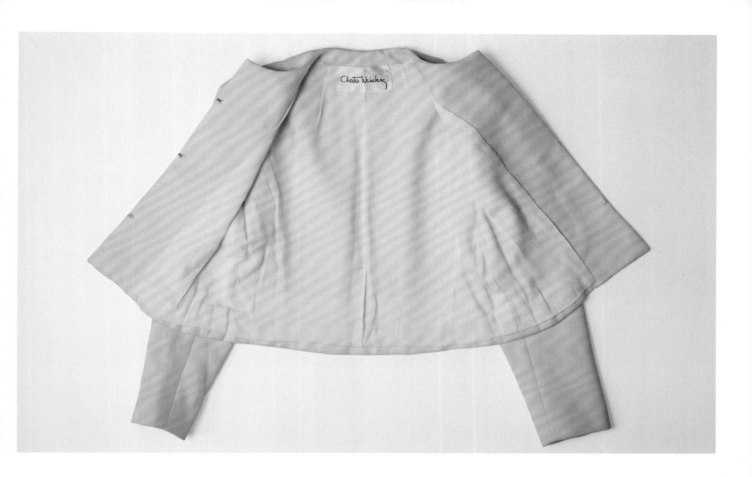

奶白色羊毛绉纱连衣裙
配套款双排扣外套大衣
粉色羊毛领边、袖边装饰
法国，1965年
（第28页）

黄色丝缎晚装裙
美国，1965年
（第27页）

苹果绿、金色织锦迷你
酒会礼服裙
美国，1965年
（第28页）

奶白色羊毛无领短款外套
美国，1967年
（第30页）

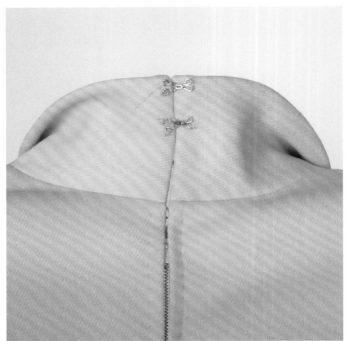

奶白色、绿松石色羊毛
无袖连衣裙
法国，1967年
背部（第30页）

20世纪西方经典服装款式细节

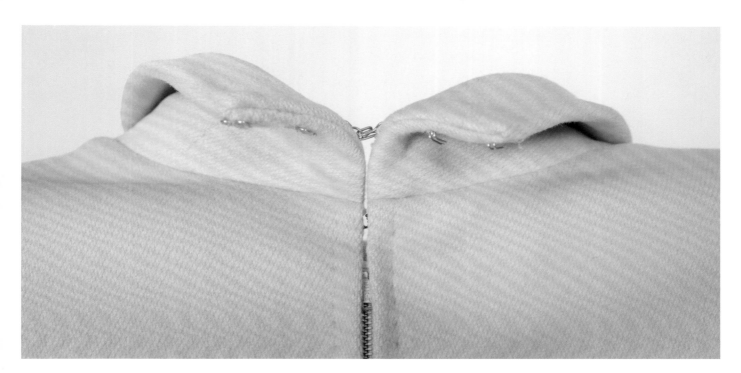

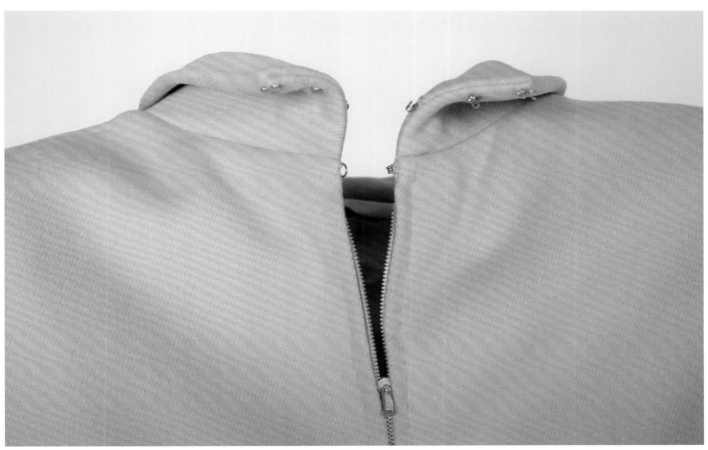

黄色长袖绸缎上衣
及地长裙
美国, 1967年
背部（第30页）

驼色羊毛无领外套大衣
美国, 1967年
（第30页）

奶白色厚羊毛开襟纽
扣长裙
美国, 1968年
（第31页）

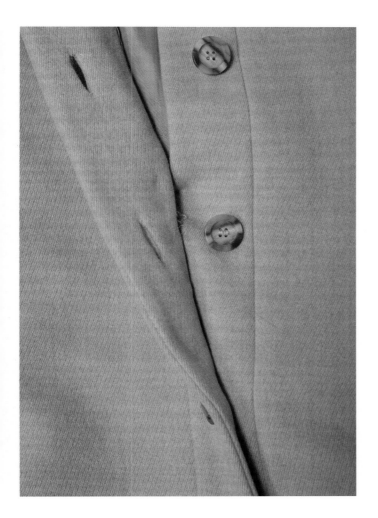

灰褐色羊毛绉纱无袖
迷你酒会礼服裙
美国，1968年
（第30页）

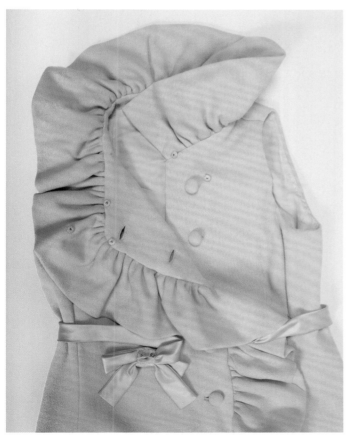

黑色不对称羊毛夹克
单粒扣门襟
美国，1968年
（第31页）

象牙白复古绸缎及地
A型裙
美国，1969年
背部（第32页）

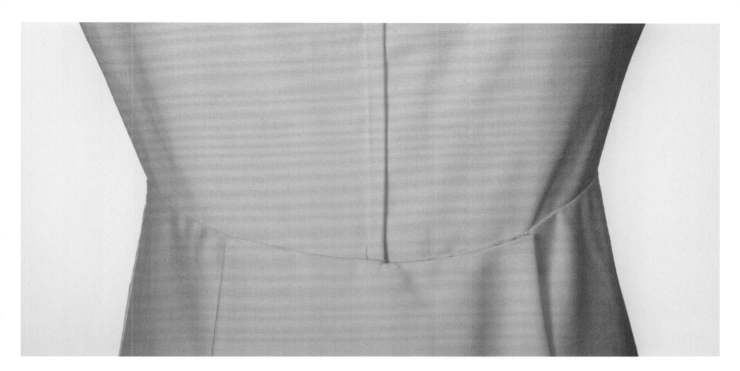

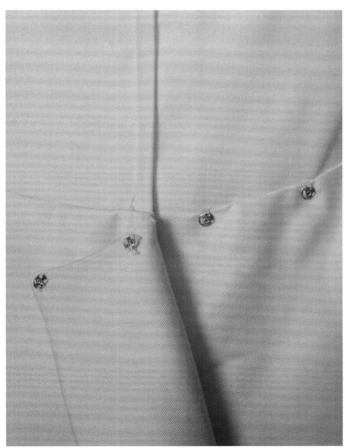

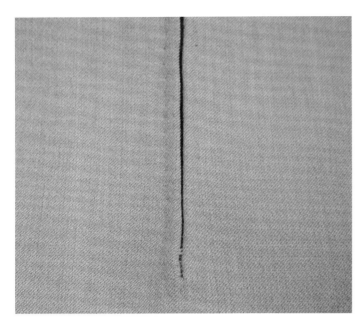

灰褐色无袖连衣裙
配套长袖外套大衣
美国，1969年
裙装背面（第32页）

黑白色真丝裙
铆钉装饰
美国，1969年
（第33页）

绿色、米黄色犬牙纹印
花低腰裙
美国，1970年
（第33页）

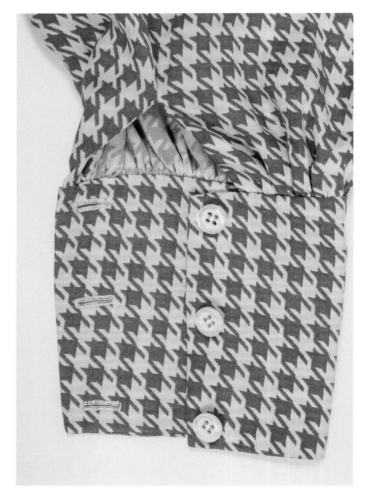

黑色丝缎夹克上衣
苜蓿叶型领
美国，1995年
（第35页）

下摆、省道、缝线和辅件
(Hems, Darts, Stitching & Fitting Devices)

黑白条纹罗缎夹克　　　左图夹克装背部
真丝印花里布
英国，1920年
（第11页）

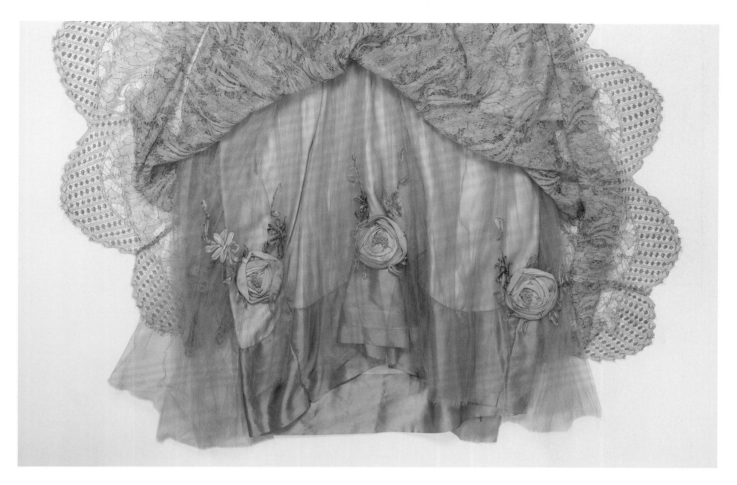

银灰色蕾丝裙
奶白色塔夫绸内裙
美国，1923年
（第11页）

蓝绿色真丝塔夫绸
无袖礼服裙
美国，1924年
（第11页）

黑色天鹅绒礼服裙
几何锯齿形裙摆
深红色装饰花边
美国，1924年
（第11页）

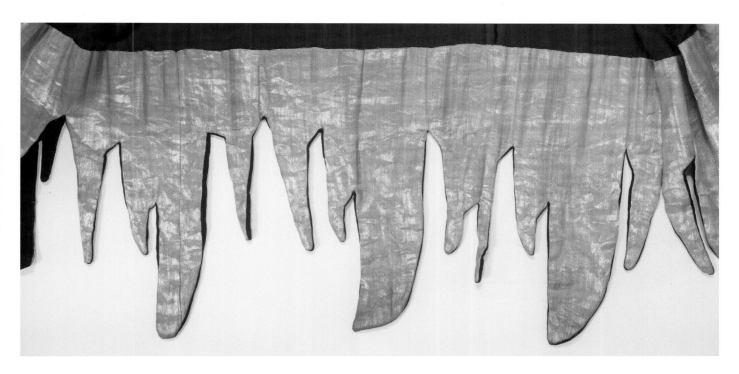

黑缎长袖晚装裙
奶白色蕾丝袖边、下
摆细节
美国，1927年
（第13页）

珠光白真丝绉纱
长袖不对称日装裙
美国，1927年
（第13页）

天然亚麻直筒连身裙
"装饰艺术运动"主
题印花
英国，1927年
背部（第13页）

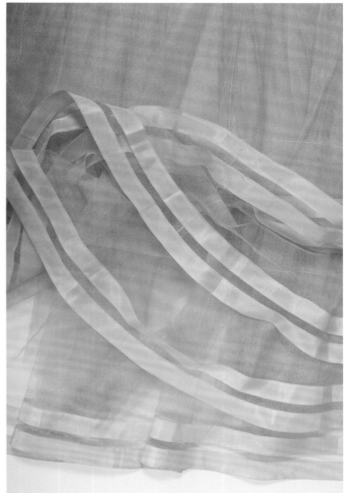

白色真丝塔夫绸
丝网宴会裙
美国，1929年
（第13页）

左图裙装背部

黑色天鹅绒晚宴外套
垫肩和荷叶边细节
设计
美国，1935年
（第16页）

花朵图案雪纺长裙
领口和下摆荷叶边设计
美国，1935年
（第14页）

春绿色斜裁绸缎礼服裙
美国，1935年
（第16页）

黑白波点真丝绉缎晚装裙
美国，1935年
（第15页）

紫色天鹅绒晚装全
长裙
美国，1935年
（第15页）

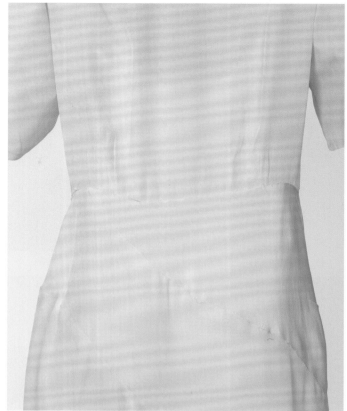

淡粉色真丝日装裙
蝴蝶结细节
英国，1937年
（第17页）

左图裙装背部

黑色羊毛中长外套大衣
美国，1938年
背部（第17页）

黑色真丝绉纱不对称
日装裙
英国，1939年
（第18页）

蓝色合成纤维绉纱日
装裙
蓝色蕾丝育克、短袖
美国，1939年
（第18页）

蓝色、粉色及白色花朵
印花图案日装裙
美国，1940年
（第19页）

白色人造丝短袖衬衫
红色手缝线迹
美国，1945年
（第20页）

藏青色羊毛上衣
对称条纹细节设计
美国，1946年
（第21页）

棕色羊毛西服裙套装
美国，1947年
（第21页）

紫色羊毛阔摆大衣
前片纽扣门襟设计
美国，1949年
（第22页）

左图大衣背部

橄榄绿羊毛双面针织
日装裙
美国，1951年
（第23页）

黑棕色羊毛花呢夹克
公主线缝线细节
美国，1952年
（第23页）

米灰色厚羊毛Bolero式
短上衣
美国，1957年
（第25页）

左图上衣背部

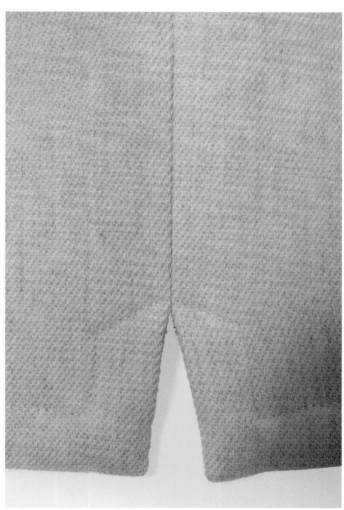

黑色塔夫绸酒会摆裙
中长袖
美国，1957年
（第24页）

　　　　　　　　　　20世纪西方经典服装款式细节

左图裙装背部

米灰色羊毛短袖日装裙
裙片后部分割结构
法国，1962年
（第26页）

棕色双宫绸套装裙
中长袖
（第26页）

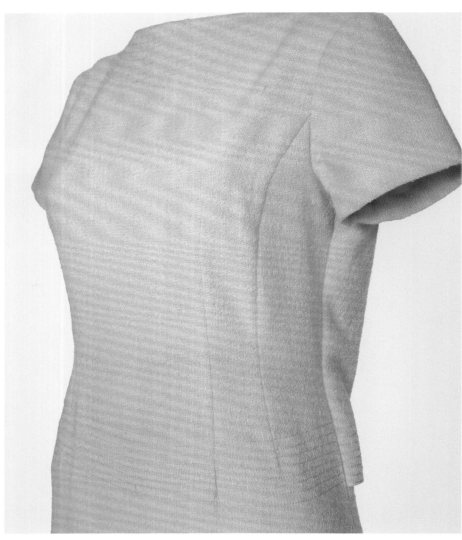

灰色羊毛连衣裙
小杨柳刺绣图案
美国，1963年
（第27页）

上图、右图、后面跨页图

黑色人造丝缎无袖
连衣裙
扇形荷叶边裙摆
美国，1965年
（第28页）

左图裙装背部

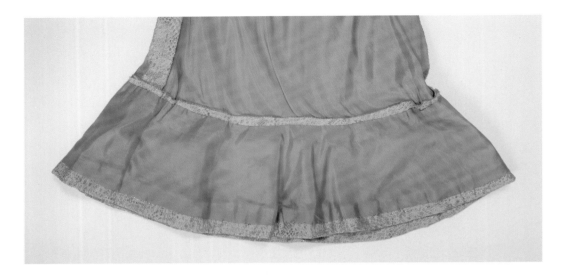

苹果绿、金色织锦迷你
酒会礼服裙
美国，1965年
（第28页）

黑色合成绉纱连衣裙
欧根纱灯笼长袖
美国，1965年
（第27页）

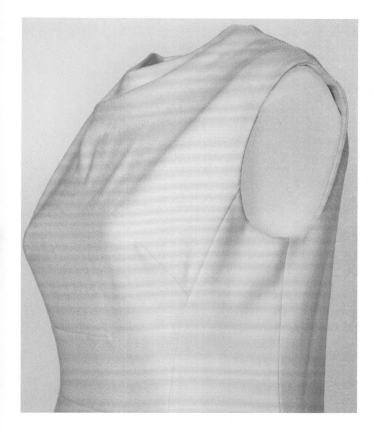

黑色貂皮无袖酒会礼
服裙
美国，1965年
（第28页）

奶白色羊毛绉纱连衣裙
配套款双排扣外套
大衣
粉色羊毛领边、袖边
装饰
法国，1965年
（第28页）

粉色、蓝色、黄色羊毛
花呢短袖连衣裙
美国，1966年
（第29页）

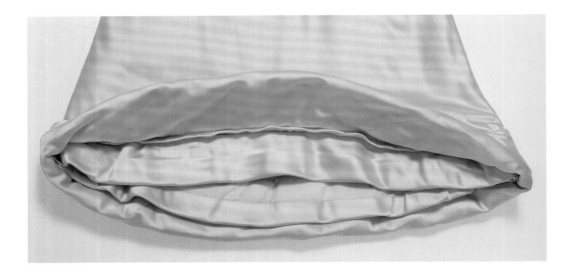

奶白色丝缎连衣裙
拼接镶边细节
美国，1966年
（第30页）

奶白色羊毛无领短款
外套
美国，1967年
背部（第30页）

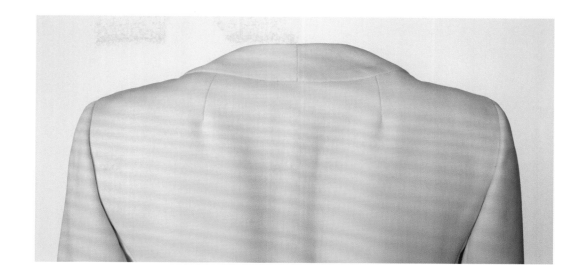

黑色绉纱连衣裙
美国，1967年
（第29页）

黑色丝缎中长外套大衣
美国，1968年
（第31页）

灰褐色羊毛绉纱无袖
迷你酒会礼服裙
美国，1968年
背部（第30页）

象牙白及地复古绸缎
A型裙
美国，1969年
（第32页）

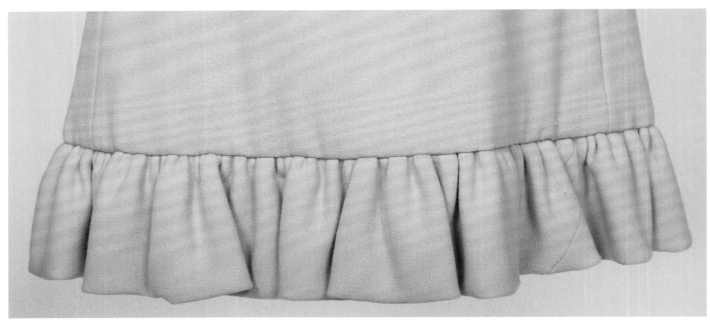

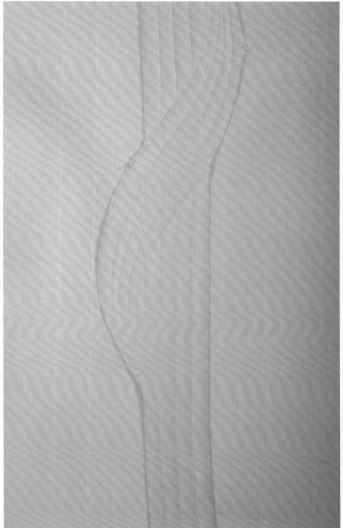

黄色羊毛短袖连衣裙
美国，1969年
（第33页）

绿松石色羊毛双排扣
套装裙
法国，1970年
（第33页）

淡紫色格纹羊毛长袖
摆裙
美国，1970年
（第34页）

奶白色丝毛紧身长袖上衣
腰间褶边设计
美国，1985年
（第35页）

褶裥、褶边和荷叶边
（Pleats，Frills & Flounces）

奶白色花边衬衫上衣
低开方形领口、改良
海军领
美国，1917年
（第10页）

象牙白真丝无袖连衣裙
多层次蕾丝裙边
美国，1924年
（第12页）

蓝绿色真丝塔夫绸无
袖礼服裙
美国，1924年
（第11页）

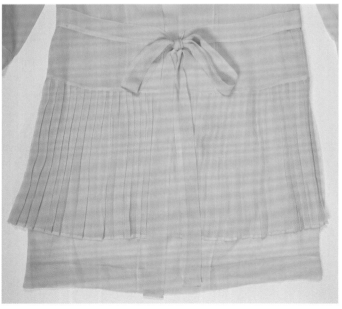

20世纪西方经典服装款式细节

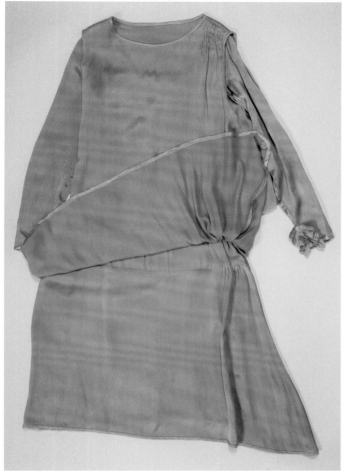

黑缎长袖晚装裙
奶白色蕾丝袖边及下
摆细节
美国，1927年
（第13页）

奶白色乔其纱裙装、
外套
美国，1927年
（第12页）

珠光白真丝绉纱
不对称长袖日装裙
美国，1927年
（第13页）

黑色丝绒晚装裙
领口处、臀部及袖口处
拼接塔夫绸荷叶边
英国，1928年
（第13页）

紫红色真丝乔其纱日
装裙
横褶饰边
美国，1930年
（第14页）

黑色羊毛绉纱日装裙
黑色植绒长袖、领口
美国，1932年
（第14页）

黄色、红色印花图案
纯棉喇叭裤
美国，1932年
（第14页）

花朵图案雪纺长裙
领口及下摆处荷叶边
装饰
美国，1935年
（第14页）

黄色、红粉色、灰色印
花短袖日装裙
美国，1938年
背部（第17页）

褶裥、褶边和荷叶边

黑色合成纤维绉纱日装裙
前片上衣褶皱设计
美国, 1939年
（第18页）

黑色绉纱短袖连衣裙
正面围裙细节、织边装饰
美国, 1940年
背部（第19页）

浅紫色人棉绉酒会礼服裙
正面刺绣装饰、腰间褶
边细节
美国，1942年
（第19页）

棕色绉纱全长裙
正面腰间垂带、刺绣领口
美国，1942年
（第19页）

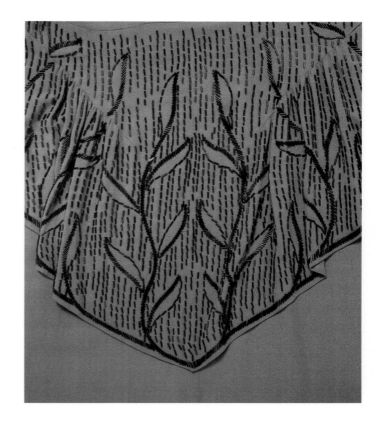

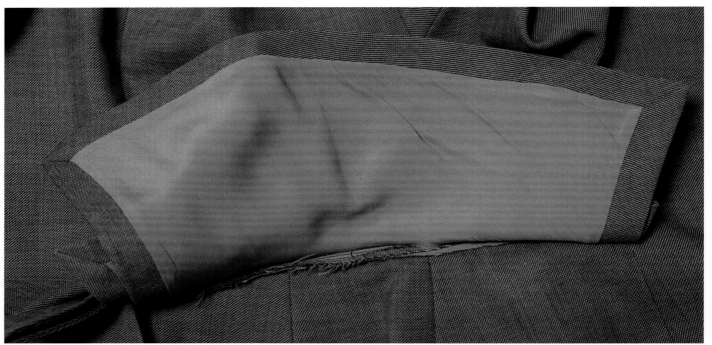

棕色套装裙
美国，1949年
背部（第21页）

灰绿色印花棉质摆裙
美国，1950年
（第22页）

衬衫式夹克衫
深绿色、藏青色格纹呢
美国，1949年
背部（第21页）

藏青色真丝塔夫绸衬
衫裙
美国，1950年
（第22页）

黄色印花图案
棉制连体泳衣
美国，1955年
（第24页）

黄色、橙色印花图案
棉制连体泳衣
美国，1955年
（第24页）

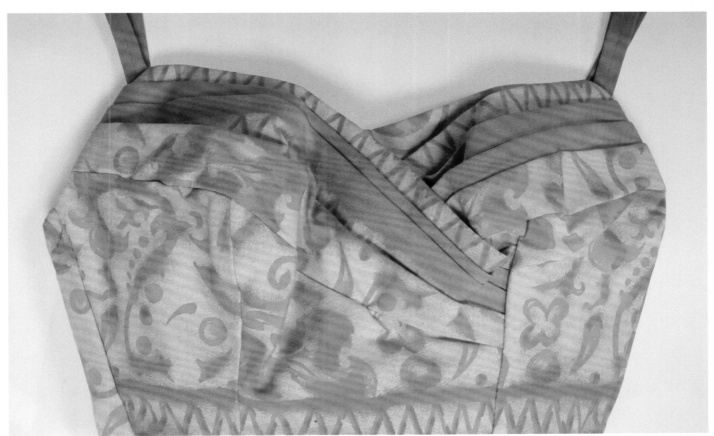

棕色绉纱短袖酒会
礼服裙
美国,1942年
(第20页)

黑色真丝雪纺宽摆酒
会礼服裙
美国,1958年
(第25页)

灰褐色真丝酒会礼服裙
美国，1958年
（第25页）

绿色、红色、黄色、蓝
色印花阔摆棉裙
美国，1960年
（第26页）

蓝白色条纹摆裙
领口处有大蝴蝶结
美国，1963年
（第27页）

黑色人造丝缎无袖
连衣裙
扇形荷叶边裙摆
美国，1965年
（第28页）

黄色丝缎晚装裙
美国，1965年
背部（第27页）

灰褐色羊毛绉纱无袖
迷你酒会礼服裙
美国，1968年
（第30页）

灰色羊毛长袖裙装
粉色天鹅绒蝴蝶结
奶白色绸缎领口、袖口
美国，1968年
（第31页）

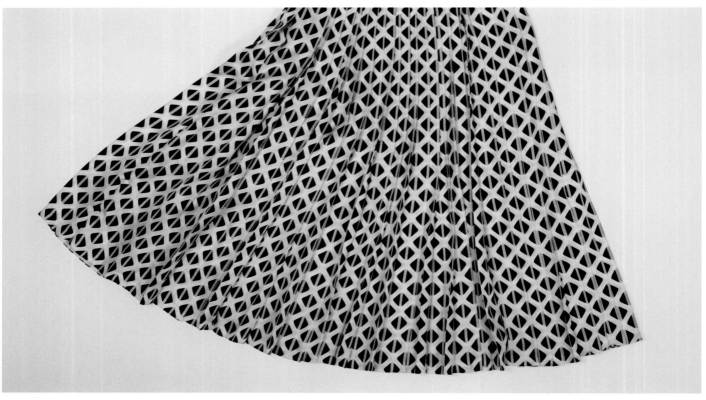

20世纪西方经典服装款式细节

绿色、米黄色犬牙纹印
花低腰裙
美国，1970年
（第33页）

黑色、黄色印花套装裙
美国，1970年
（第34页）

淡紫色格纹羊毛长袖摆裙
美国，1970年
（第34页）

奶白色丝毛紧身长袖上衣
腰间褶边设计
美国，1985年
（第35页）

黑色羊毛齐腰款夹克
美国，1994年
（第35页）

黑色丝缎夹克上衣
荷叶边装饰口袋
美国，1995年
（第35页）

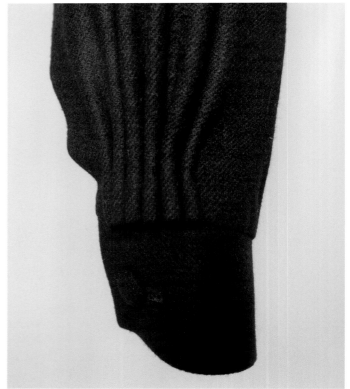

装饰细节（Embellishment）

桃红色棉绒夹克
饰带装饰、丝绒刺绣
意大利，1913年
（第10页）

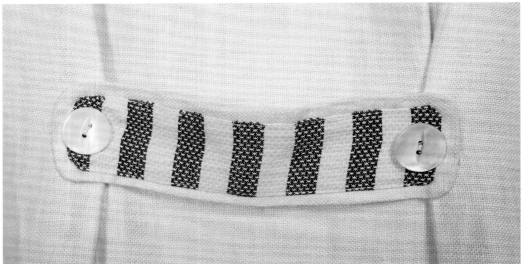

白色亚麻夹克
内嵌条纹马甲
美国，1914年
背部（第10页）

20世纪西方经典服装款式细节

藏青色羊毛套装裙
腰部褶边装饰刺绣
美国，1916年
背部（第10页）

20世纪西方经典服装款式细节

紫色灯芯绒套装裙
美国，1917年
（第10页）

奶白色真丝短袖日装裙
奶白色蕾丝罩裙
美国，1920年
（第10页）

褐色烂花晚装裙
美国，1922年
（第11页）

棕色真丝乔其纱日装裙
绿松石色、褐色缎带
蝴蝶结
美国，1922年
（第11页）

左图裙装背部

银灰色蕾丝裙
奶白色塔夫绸内裙
美国，1923年
（第11页）

蓝绿色真丝塔夫绸无
袖礼服裙
美国，1924年
（第11页）

黑色天鹅绒礼服裙
几何锯齿形裙摆
深红色装饰花边
美国，1924年
（第11页）

象牙白真丝无袖连衣裙
多层次蕾丝裙边
美国，1924年
（第12页）

装饰细节

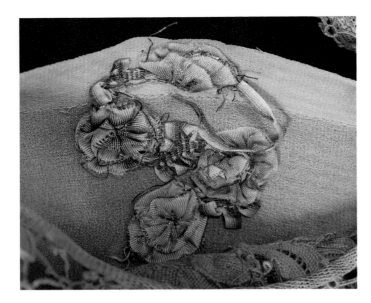

黑缎礼服裙
领口处拼接手工蕾丝
美国，1925年
（第12页）

玫瑰粉雪纺长袖及膝裙
领口、袖口、裙摆处拼
接奶白色蕾丝
美国，1925年
（第12页）

20世纪西方经典服装款式细节

黑缎大衣
十字绣棉绒花朵图案
美国，1927年
（第13页）

奶白色乔其纱裙装、
外套
美国，1927年
（第12页）

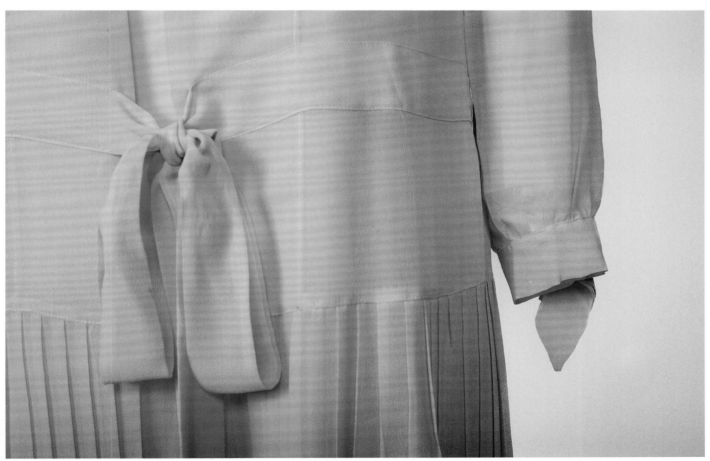

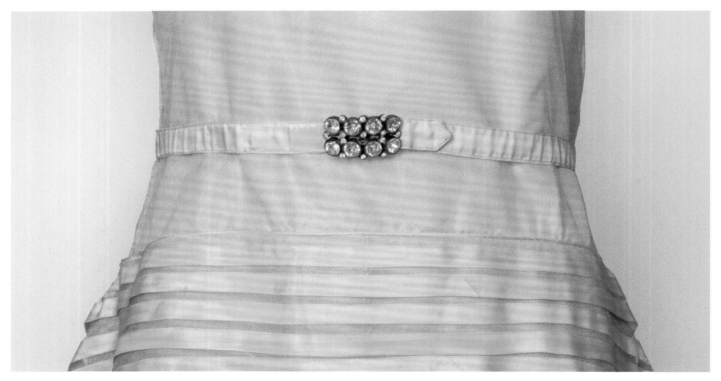

珠光白真丝绉纱
不对称长袖日装裙
美国，1927年
（第13页）

白色真丝塔夫绸
丝网宴会裙
美国，1929年
（第13页）

花朵图案雪纺长裙
领口及下摆处荷叶边装饰
美国，1935年
（第14页）

黑色合成纤维绉纱晚装裙
花朵丝绣装饰
钉珠小麦图案
美国，1935年
（第14页）

黑色丝绒晚装裙
奶白色蕾丝花边
美国，1935年
（第15页）

紫色天鹅绒晚装全长裙
美国, 1935年
（第15页）

绿色雪尼尔针织裙
中长裙、中长袖
美国，1935年
（第15页）

淡粉色真丝日装裙
蝴蝶结细节
英国，1937年
（第17页）

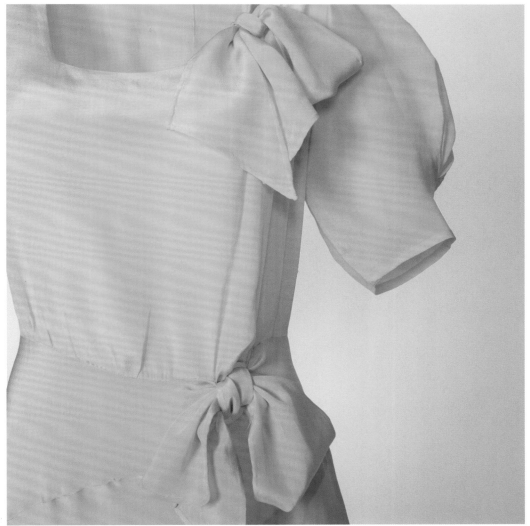

黑色真丝绉纱日装裙
拼接缎制蝴蝶结及饰边
美国，1938年
（第17页）

深紫红色天鹅绒酒会
礼服裙
蝴蝶结钉珠饰边
美国，1939年
（第17页）

黑色绉纱短袖连衣裙
正面围裙细节、织边
装饰
美国，1940年
（第19页）

黑色丝绸单肩流苏围挂
美国，1940年
（第19页）

棕色绉纱全长裙
正面腰间垂带、刺绣领口
美国，1942年
（第19页）

20世纪西方经典服装款式细节

浅紫色人棉绉酒会礼服裙
正面刺绣装饰、腰间褶
边细节
美国，1942年
（第19页）

黑色绉纱长袖连衣裙
腰间流苏装饰细节
美国，1942年
（第20页）

棕色绉纱短袖酒会
礼服裙
美国，1942年
（第20页）

黑色绉纱套装裙
白色饰巾装饰
美国，1943年
（第20页）

藏青色羊毛上衣
对称条纹细节设计
美国, 1946年
(第21页)

棕色套装裙
美国, 1949年
背部 (第21页)

红色毛毡圆形裙
黑色镶边刺绣装饰
美国, 1950年
(第22页)

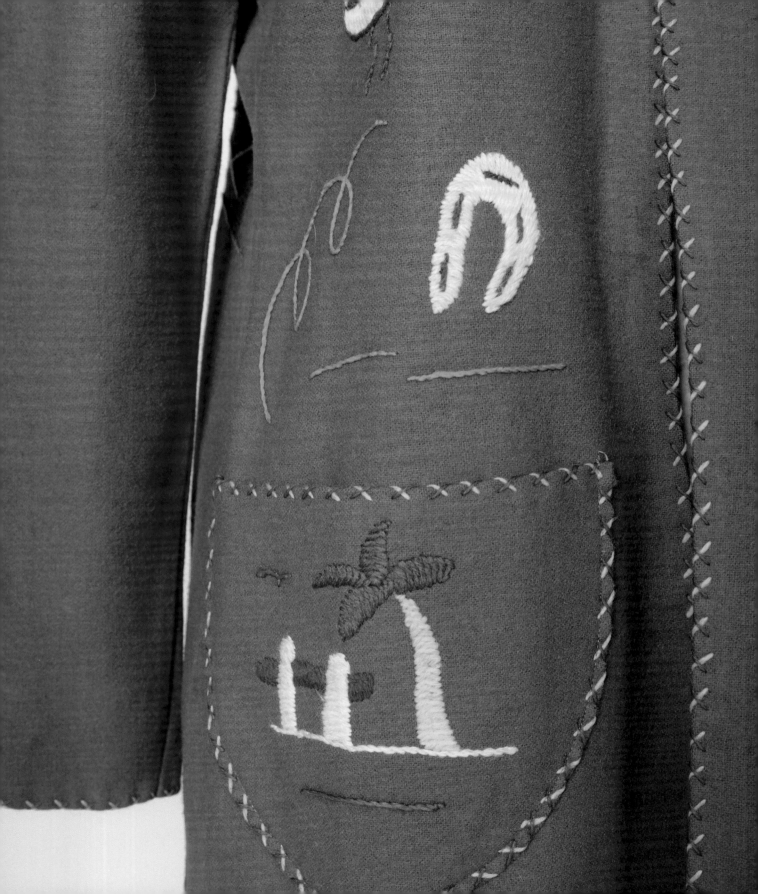

后面跨页图

绿松石色刺绣上衣　　　左图夹克背部　　　　奶白色中长袖酒会礼服绸缎裙
斗牛主题图案　　　　　　　　　　　　　　　绿色、粉色织锦图案
墨西哥，1952年　　　　　　　　　　　　　胸前拼接绿色蝴蝶结装饰
（第23页）　　　　　　　　　　　　　　　美国，1956年
　　　　　　　　　　　　　　　　　　　（第24页）

黑色真丝雪纺酒会礼服裙
花瓣形裙摆细节
美国，1958年
（第25页）

绿松石色丝缎两件套
晚装裙
美国，1960年
（第25页）

左图裙装背部

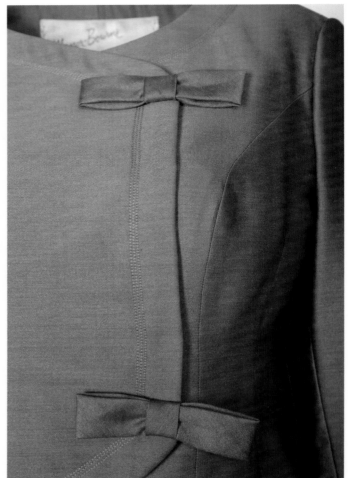

红色真丝双宫绸套装裙
同款Bolero式短上衣
美国, 1960年
裙装（第26页）

黄褐色双宫绸套装裙
中长袖
美国, 1962年
（第26页）

绿色、白色、蓝色春季
主题印花纯棉日装裙
美国, 1963年
（第27页）

蓝白色条纹摆裙
领口处有大蝴蝶结
美国, 1963年
（第27页）

装饰细节

灰色羊毛连衣裙
小杨柳刺绣图案
美国，1963年
（第27页）

粉色、白色印花套装裙
低圆领、同款短上衣
美国，1965年
裙装（第27页）

苹果绿、金色织锦迷你
酒会礼服裙
美国，1965年
（第28页）

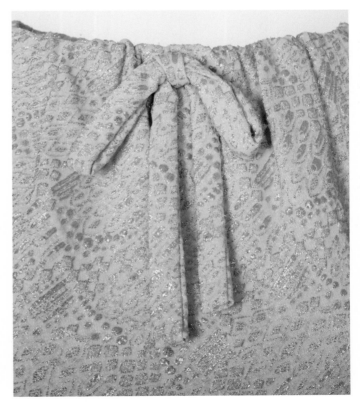

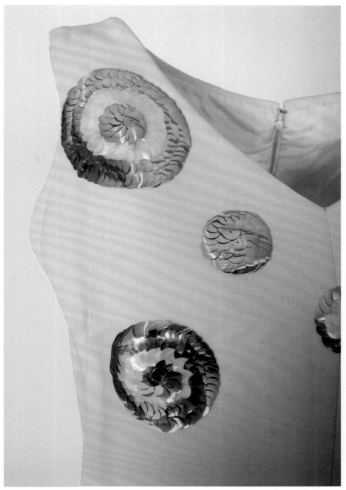

黄色丝缎晚装裙
美国, 1965年
(第27页)

棕色绉纱长袖束腰裙
衣片前中心、袖口处钉
珠镶带
法国, 1966年
(第29页)

奶白色羊毛连衣裙
银色波点亮片装饰
法国, 1966年
(第29页)

装饰细节

黑色绉纱连衣裙
美国，1967年
（第29页）

深绿色貂皮酒会礼服裙
美国，1967年
（第29页）

灰褐色羊毛绉纱无袖
迷你酒会礼服裙
美国，1968年
（第30页）

奶白色真丝束腰裙
领口、袖口处钉珠装饰
美国，1968年
（第31页）

象牙白复古绸缎及地
A型裙
美国，1969年
（第32页）

藏青色、奶白色羊毛双
面针织短袖连衣裙
意大利，1969年
（第32页）

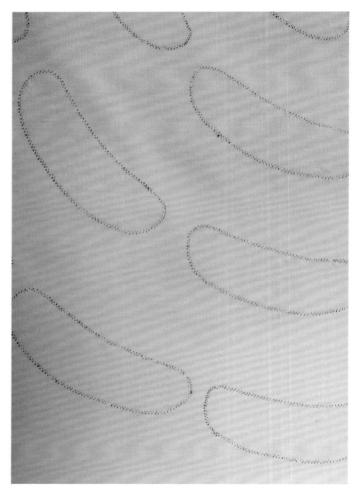

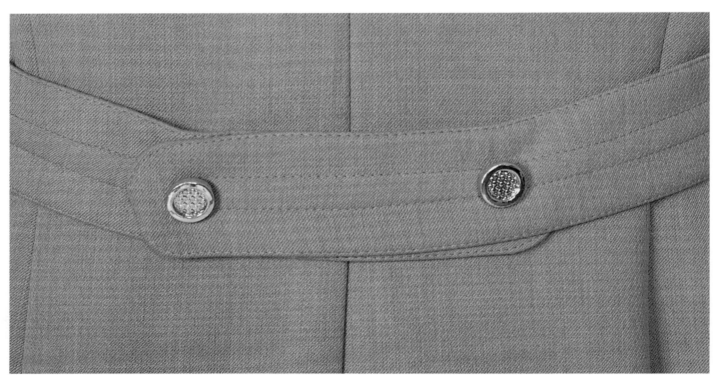

白色迷你裙
长款泡泡袖
美国，1969年
（第32页）

黑白色真丝裙
铆钉装饰
美国，1969年
（第33页）

灰褐色无袖连衣裙
配套长袖外套大衣
美国，1969年
背部（第32页）

绿松石色羊毛双排扣
套装裙
法国，1970年
背部（第33页）

装饰细节

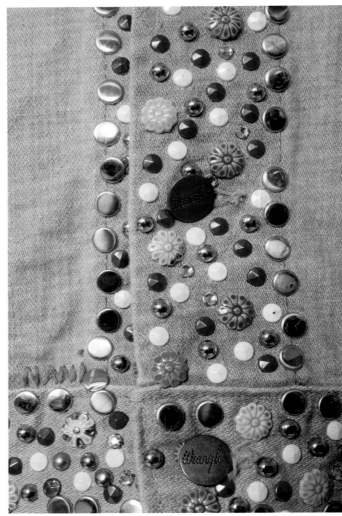

牛仔外套　　　　　　左图夹克背部
铆钉、莱茵石装饰
美国，1970年
（第33页）

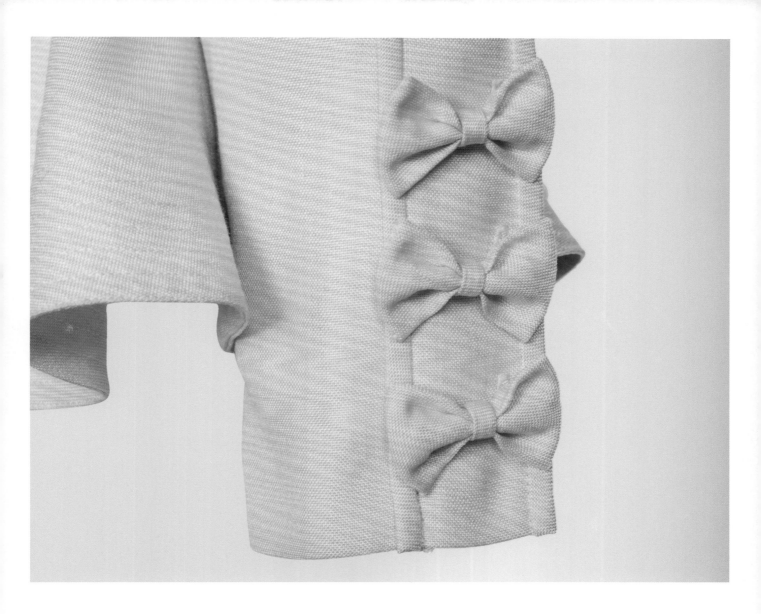

黑色涤纶绉长裙
蕾丝袖、莱茵石镶嵌
假腰带
美国, 1975年
(第34页)

奶白色丝毛紧身长袖上衣
腰间褶边设计
美国, 1985年
(第35页)

表面肌理（Surface）

奶白色真丝短袖日装裙
奶白色蕾丝罩裙
美国，1920年
（第10页）

褐色烂花晚装裙
美国，1922年
（第11页）

银灰色蕾丝裙
奶白色塔夫绸内裙
美国，1923年
（第11页）

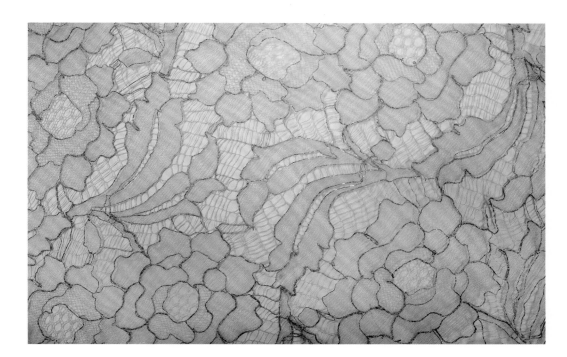

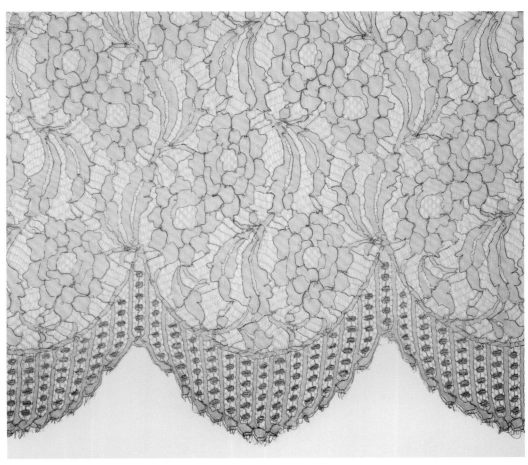

玫瑰粉雪纺长袖及膝裙
领口、袖口、裙摆处拼
接奶白色蕾丝
美国，1925年
（第12页）

紫色植绒大衣
美国，1926年
（第12页）

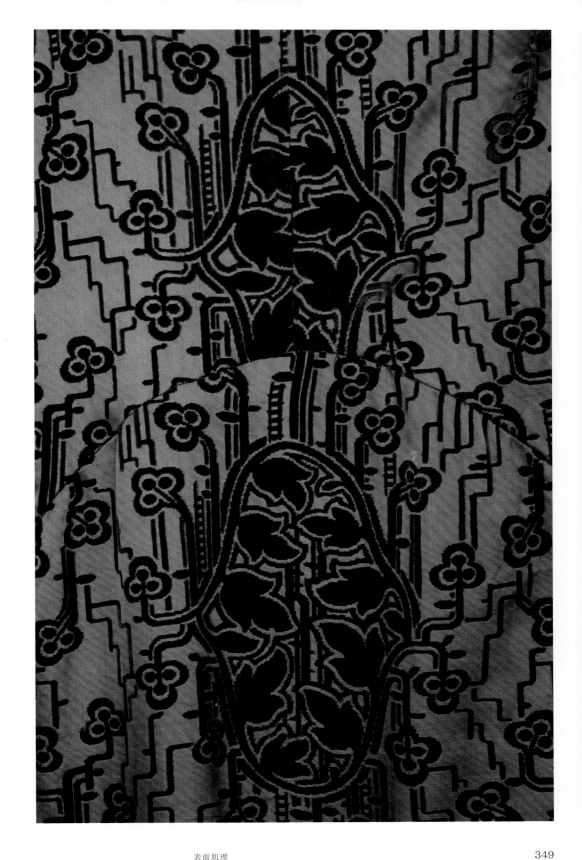

天然亚麻直筒连身裙、
外套
"装饰艺术"主题印花
英国，1927年
（第13页）

左图裙装外套背部

薄棉纱日装裙
蓝色、黄色及红色佩斯
利印花
抽绳袋设计
美国，1932年
（第14页）

西瓜红印花日装棉裙
美国，1935年
（第16页）

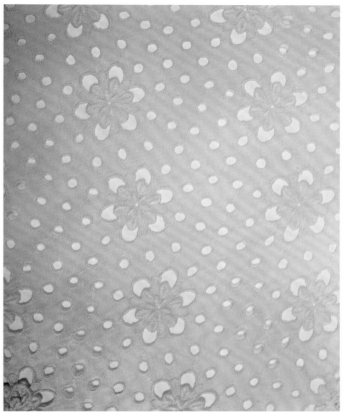

真丝绉纱晚装裙
白、绿、黄、红、紫彩色
竹纹印花
美国，1935年
（第16页）

花朵图案雪纺长裙
领口及下摆处荷叶边
装饰
美国，1935年
(第14页)

白色纯棉网眼刺绣裙
披肩领
美国，1935年
（第15页）

绿色雪尼尔针织裙
中长裙、中长袖
美国，1935年
(第15页)

黄色、红粉色、灰色印
花短袖日装裙
美国，1938年
(第17页)

蓝色合成纤维绉纱日装裙　　真丝绉纱日装裙
蓝色蕾丝育克、短袖　　　　彩色手绘大理石花纹
美国，1939年　　　　　　　1939年，英国
(第18页)　　　　　　　　 (第18页)

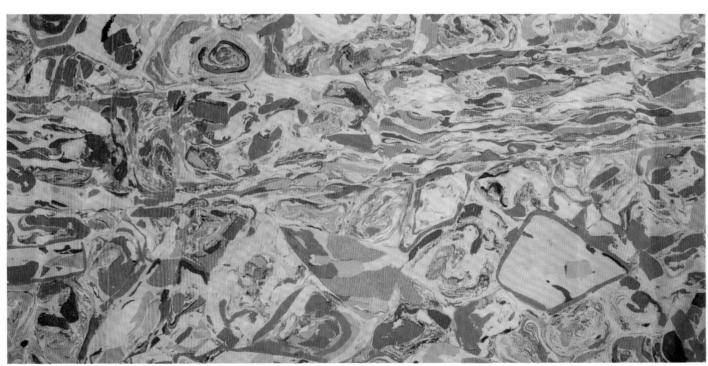

灰黑色尼龙印花日装裙
美国，1939年
（第18页）

红色羊毛花呢短上衣
美国，1944年
（第20页）

棕黑色羊毛花呢夹克
公主线缝线细节
美国，1952年
（第23页）

黄色印花设计
棉制一体式泳衣
美国，1955年
（第24页）

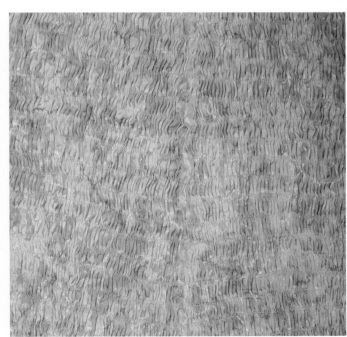

棕黑色斜条纹羊毛大衣
美国，1955年
(第24页)

奶白色中长袖酒会礼
服缎裙
绿色、粉色织锦图案
胸前拼接绿色蝴蝶
结装饰
美国，1956年
(第24页)

绿色、红色、黄色、蓝
色印花阔摆棉裙
美国，1960年
(第26页)

灰色羊毛连衣裙
小杨柳刺绣图案
美国，1963年
(第27页)

长袖真丝斜纹缎裙
红色、奶白色印花
高领设计
美国，1967年
(第30页)

黄色长袖绸缎上衣
及地长裙
美国，1967年
(第30页)

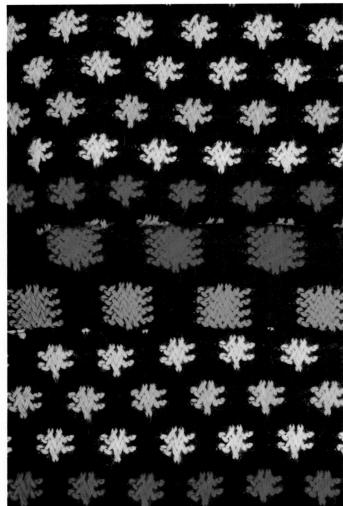

长袖雪纺连衣裙
橙色 "装饰艺术" 主题印花
美国, 1968年
(第31页)

黑色、红色、粉色、蓝色及黄
色羊毛长袖及踝裙
高领款式、刺绣装饰
美国, 1969年
(第32页)

黑色天鹅绒连身服
蝉翼纱贴花长袖、下摆
美国，1969年
（第32页）

灰色羊毛长袖裙装
粉色天鹅绒蝴蝶结
奶白色绸缎领口、袖口
美国，1968年
（第31页）

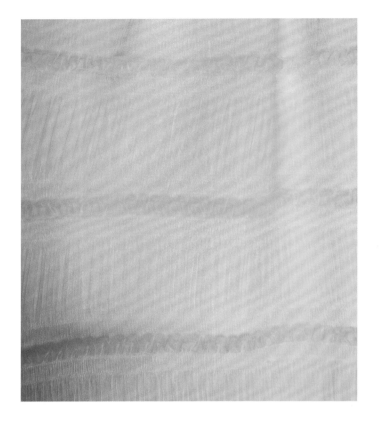

白色迷你裙
长款泡泡袖
美国，1969年
(第32页)

绿色、米黄色犬牙纹印
花低腰裙
美国，1970年
(第33页)

黑色、黄色印花套装裙
美国，1970年
（第34页）

奶白色、深紫色三角形
印花束腰上衣、套裙
美国，1970年
（第33页）

结构（Construction）

藏青色羊毛套装裙
腰部褶边装饰刺绣
美国，1916年
（第10页）

蓝绿色真丝塔夫绸无
袖礼服裙
美国，1924年
（第11页）

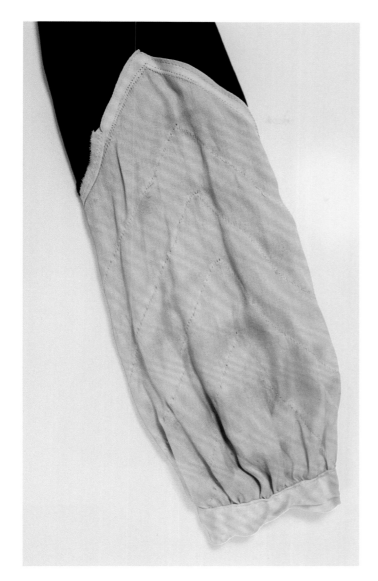

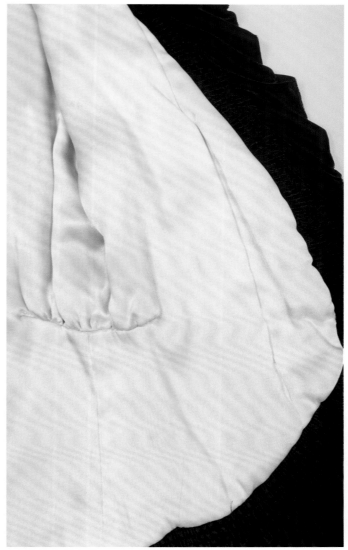

黑色天鹅绒礼服裙
几何锯齿形裙摆
深红色装饰花边
美国，1924年
（第11页）

黑缎长袖晚装裙
奶白色蕾丝袖边及下
摆细节
美国，1927年
（第13页）

黑色天鹅绒晚宴外套
垫肩与荷叶边细节设计
美国，1935年
（第16页）

结构

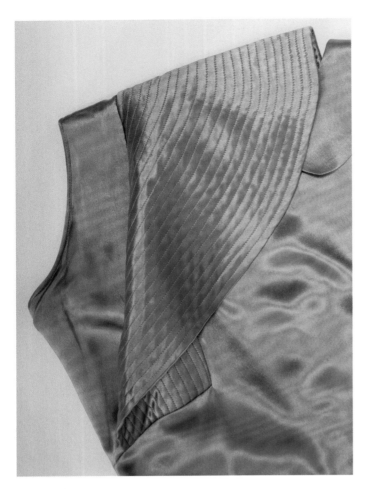

春绿色斜裁礼服缎裙
美国，1935年
(第16页)

深紫红色天鹅绒酒会
礼服裙
褶边装饰短袖
美国，1938年
(第17页)

深紫红色天鹅绒酒会
礼服裙
蝴蝶结钉珠饰边
美国，1939年
(第17页)

黑色合成纤维绉纱日装裙　　棕色绉纱全长裙
前片上衣褶皱设计　　　　　正面腰间垂带、刺绣领口
美国, 1939年　　　　　　　美国, 1942年
(第18页)　　　　　　　　　(第19页)

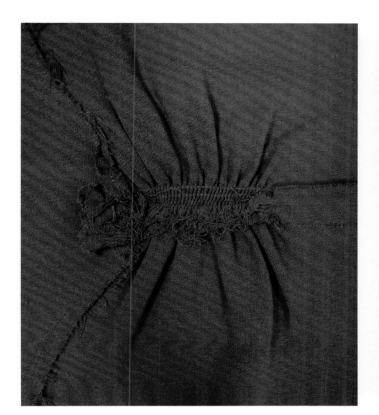

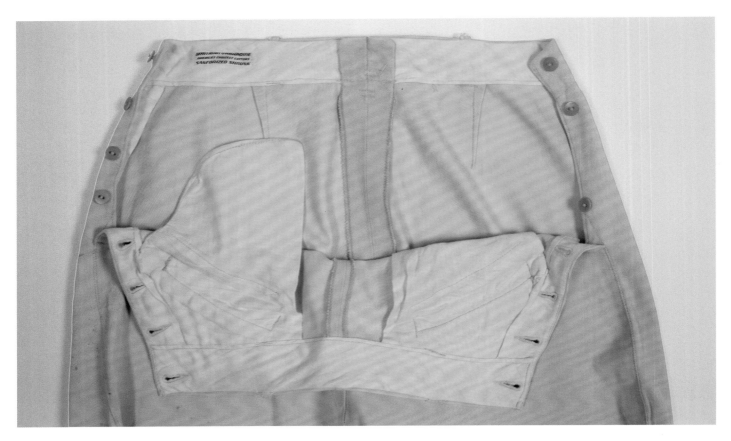

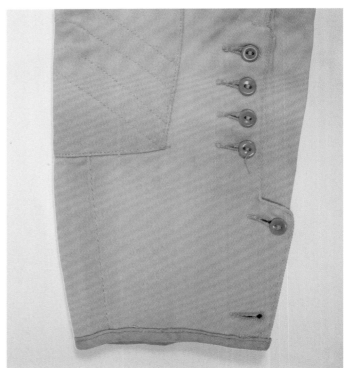

橙色、褐色羊毛格纹夹克外套
奶白色全毛华达呢马裤
美国，1940年
(第19页)

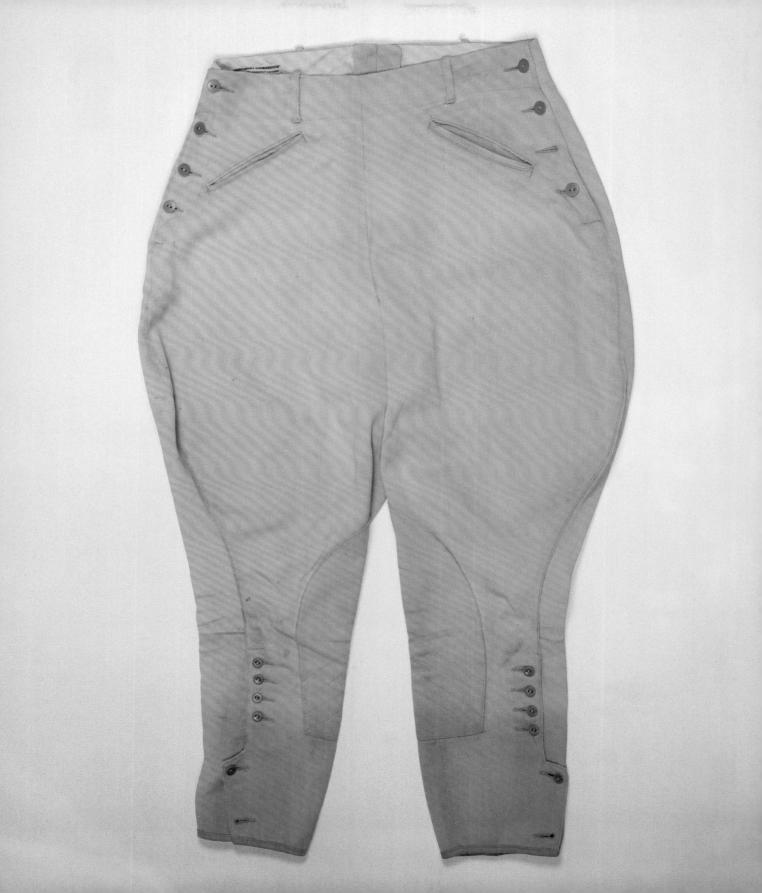

灰蓝色羊毛绉呢日装裙
流苏装饰插袋
美国, 1945年
(第20页)

棕色羊毛套装裙
美国, 1947年
(第21页)

藏青色真丝塔夫绸衬
衫裙
美国, 1950年
(第22页)

灰色羊毛西服套装裙
美国, 1950年
(第22页)

橄榄绿羊毛双面针织
日装裙
美国, 1951年
(第23页)

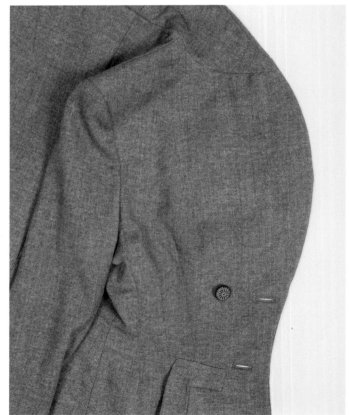

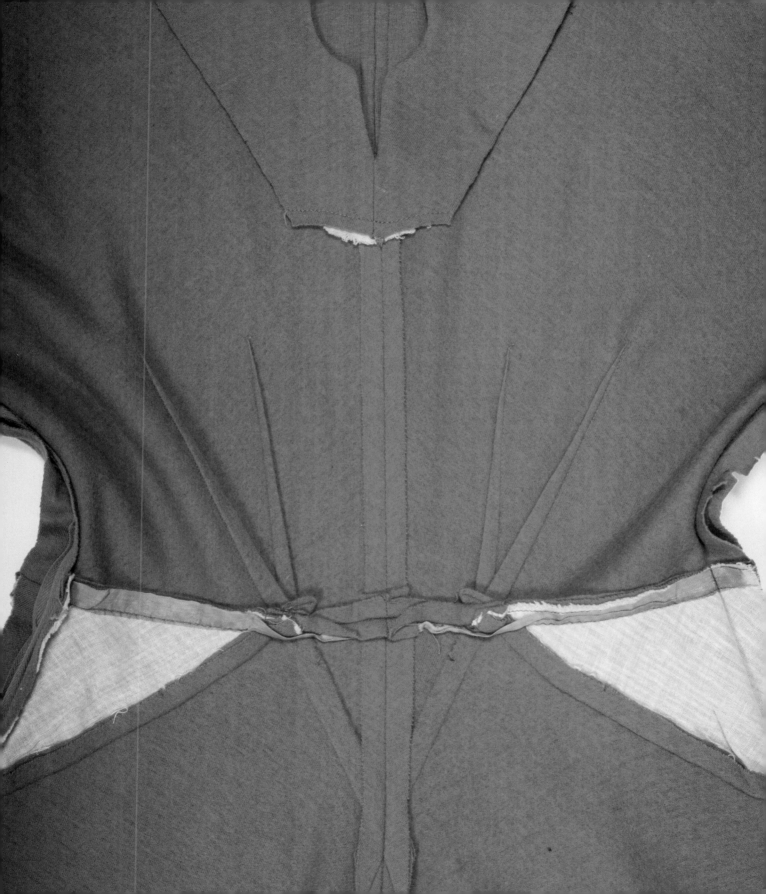

黄色印花图案
棉制连体式泳衣
美国，1955年
(第24页)

左图泳装背部

20世纪西方经典服装款式细节

黄色、橙色印花图案
棉制连体式泳衣
美国, 1955年
(第24页)

左图泳装背部

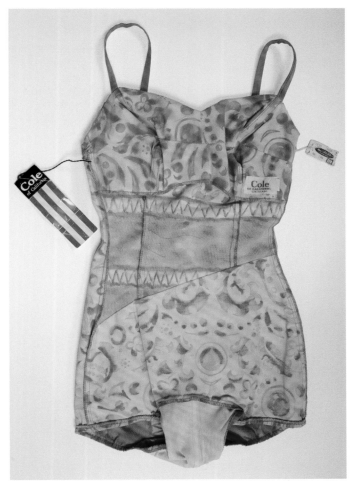

灰褐色真丝酒会礼服裙
美国，1958年
（第25页）

绿松石色丝缎两件套
晚装裙
美国，1960年
（第25页）

左图裙装上衣

黄色丝缎晚装裙
美国, 1965年
(第27页)

黑色貂皮无袖酒会礼
服裙
美国, 1965年
(第28页)

棕色无袖酒会礼服裙
贴袋设计
丹麦, 1965年
(第28页)

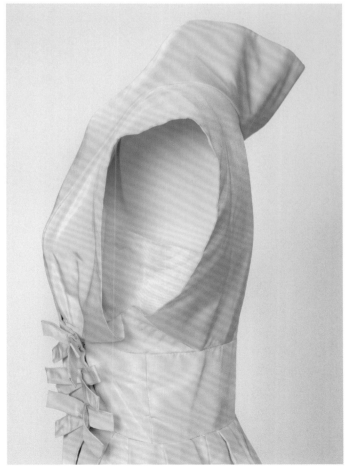

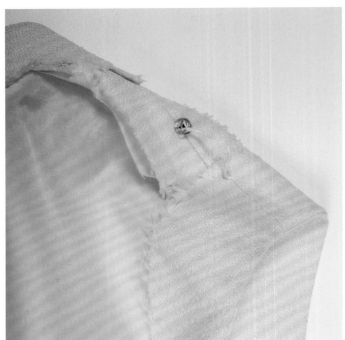

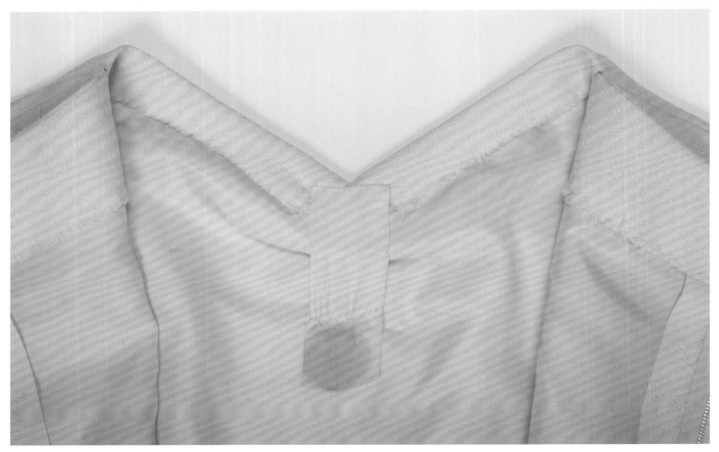

20世纪西方经典服装款式细节

米灰色羊毛晚装套裙、
夹克上衣
红粉色莱茵石纽扣
美国，1965年
（裙装，第28页）

奶白色羊毛连衣裙
银色波点亮片装饰
法国，1966年
（第29页）

奶白色羊毛绉纱连衣裙
配套款双排扣外套大衣
粉色羊毛领边、袖边装饰
法国，1965年
（裙装，第28页）

粉色、蓝色、黄色羊毛
花呢短袖连衣裙
美国，1966年
（第29页）

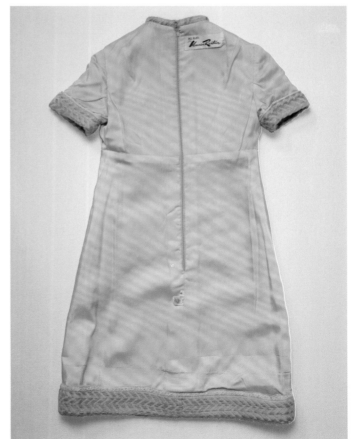

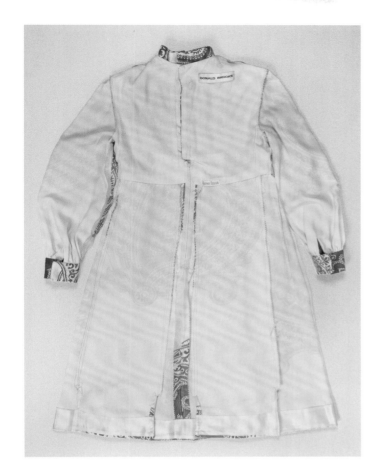

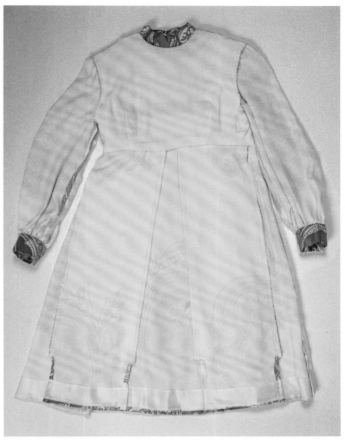

黑色绉纱连衣裙
美国，1967年
(第29页)

黄色长袖绸缎上衣
及地长裙
美国，1967年
(第30页)

长袖真丝斜纹缎裙
红色、奶白色印花
高领设计
美国，1967年
(第30页)

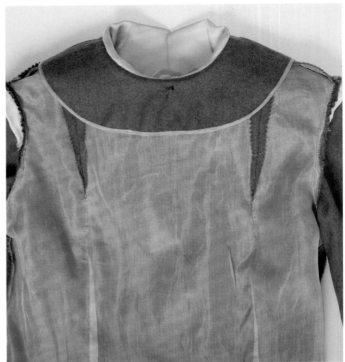

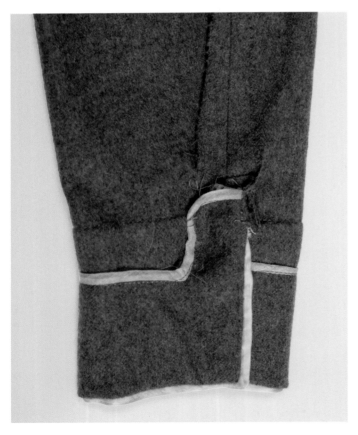

灰色羊毛长袖裙装
粉色天鹅绒蝴蝶结
奶白色绸缎领口、袖口
美国，1968年
(第31页)

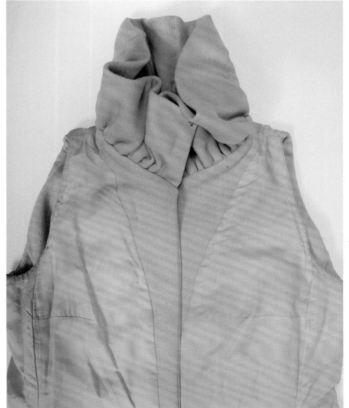

灰褐色羊毛绉纱无袖
迷你酒会礼服裙
美国，1968年
（第30页）

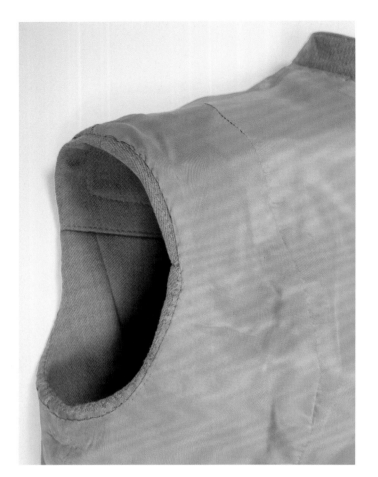

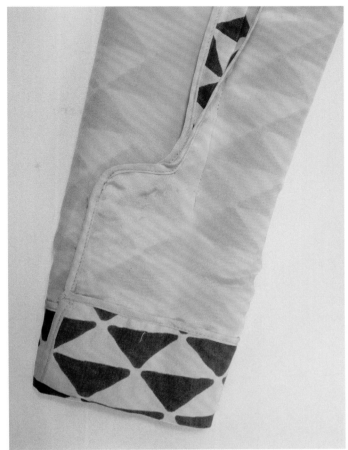

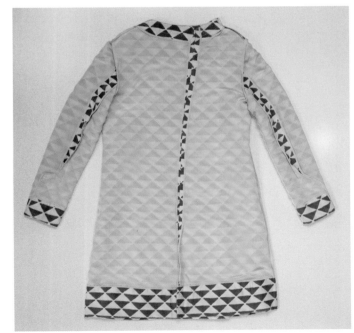

灰褐色无袖连衣裙
配套长袖外套大衣
美国，1969年
(第32页)

黑白色真丝裙
铆钉装饰
美国，1969年
(第33页)

奶白色、深紫色三角形
印花束腰上衣、套裙
美国，1970年
(第33页)

20世纪西方经典服装款式细节

绿色、米黄色犬牙纹印
花低腰裙
美国, 1970年
(第33页)

黑色、黄色印花套装裙
美国, 1970年
(第34页)

奶白色丝毛紧身长袖上衣　　黑色丝缎夹克上衣
腰间褶边设计　　　　　　　苜蓿叶形领
美国，1985年　　　　　　　美国，1995年
背部（第35页）　　　　　　（第35页）

　　　　　　　20世纪西方经典服装款式细节

图片出处和致谢
(Credits & Acknowledgements)

图片出处

本书所有图片版权归斯蒂芬·萨托利、雪城大学苏·安·吉尼特服装收藏馆所有。

图片索引部分包含的以下图片来自巴士雅·斯库特尼卡的个人收藏系列：p.11TL，p.13TR，p.13MR，p.13BL，p.14TL，p.16ML，p.17TL，p.17MR，p.18TR，p.18MR，p.27BL，p.28BL，p.34BL。其余服装来自苏·安·吉尼特服装收藏馆。

致谢

感谢雪城大学视觉与表演艺术系系主任安·克拉克。

感谢组稿编辑索菲·德赖斯代尔对该项目的支持和奉献，梅利莎·丹尼为编辑此书所付出的辛勤劳动，还有马克·法尔曼、汉兹·哈姆丹、克里斯·恩尼斯、伊马德·道格拉斯。

同时，由衷地感谢苏·吉尼特和利昂·吉尼特家人长期以来对服装博物馆的支持：

帕姆·吉尼特·巴什

温迪·吉尼特·卡普兰

吉尔·吉尼特·沃勒

特别感谢以下资助者：

玛里琳·考德威尔、南希·斯托克斯·米恩斯、苏珊·麦克·沙里尔。